Bartagamen und Kragenechsen

von
Andree Hauschild & Hubert Bosch

unter Mitarbeit von
Paul Gassner

(gewidmet unseren Ehefrauen: Beate Hauschild und Gisela Berndt-Bosch)

51 Farbfotos
21 Zeichnungen
11 Verbreitungskarten

Terrarien Bibliothek
Natur und Tier - Verlag

Inhaltsverzeichnis

Danksagung

Wir möchten uns ganz herzlich bei allen bedanken, die durch Informationen, Anregungen, Bereitstellen von Bildern und spezieller Literatur zum Gelingen des Buches beigetragen haben. Besonderer Dank gilt **Paul Gassner** (Münster), der intensiv an der Erstellung des Buches mitgeholfen hat. Außerdem danken wir (in alphabetischer Reihenfolge): **Tony Griffiths** (Palmerston/Australien), **Klaus Henle** (Leipzig), **Paul Horner** (Darwin/Australien), **Ron E. Johnstone** (Perth/Australien), **Markus Juschka** (Düsseldorf), **Bob Mailloux** & **Dave Travis** (Vista/USA), **Hans-Dieter Philippen** (Heinsberg), **Heidrun** und **Uwe Röhe** (Hamburg), **Franz** und **Miklos Schiberna** (Stuttgart), **Nina Schneider** (Duisburg), **Norbert** und **Ursula Schuster** (Roßdorf), **Glenn Shea** (Sydney/Australien).
Die gezeichneten Interaktionen stammen aus der Feder von **Markus Becker**, Ginnerstr. 6, 50181 Königshoven. Die Verbreitungskarten wurden von **Miklos Schiberna**, Alte Weinsteige 18, 70180 Stuttgart am Computer gefertigt, die Terrarienansichten zeichnete er freihändig.
Nicht zuletzt sei **C.V. Gilles** (Jüchen) für die hervorragende tierärztliche Betreuung von Problemtieren gedankt.

Folgende Züchter teilten uns freundlicherweise Daten zur Vermehrung ihrer Bartagamen mit, die wir tabellarisch dargestellt haben:
Michael Boos (Hamburg), **Maria Elflein** (Memmelsdorf), **Stefan Hielscher** (Gaildorf), **Heike Höpfl** (Balingen), **Klaus Imhof** (Frankfurt), **Matthias Leuffen** (Düsseldorf), **Herbert Lindemann** (Dortmund), **Robert Lipcik** (Gubinek/Polen), **Dieter Mouwens** (Jüchen), **Michael Schardt** (Pohlheim), **Guido Schlang** (Rommerskirchen), **Ursula** und **Norbert Schuster** (Roßdorf), **Thomas Stössl** (Kiefersfelden), **Karsten Thelen** (Köln), **Wim van Tegele** (Vlissingen/Niederlande), **Thomas Wieske** (Bünde), **Felicitas** und **Hans-Jörg Winner** (Waldkirch) - Herzlichen Dank!

Titelbild: *Pogona vitticeps* „Sandfire" Foto: D. Travis; *Chlamydosaurus kingii* Foto: U. Peters; *Pogona barbata* Foto: M. Schiberna

Hintergrund: *Chlamydosaurus kingii,* Foto: H.-D. Philippen

1. Auflage 1997
2. Auflage 1999

ISBN 3-931587-17-7

An der Kleimannbrücke 39, D-48157 Münster
Lektorat: Heiko Werning, Berlin

Gestaltung: Sibylle Manthey, Berlin
Satz: tritec-Grafikwerkstatt, Berlin
Druck: MKL Druck GmbH & Co. KG, Ostbevern

Zum Geleit

Australien übte seit jeher eine Faszination auf naturkundlich interessierte Menschen aus. Seine Tierwelt bot so manche Überraschungen, die anfänglich sogar als böse Scherze abgetan wurden, wie das Schnabeltier. Ein Säugetier mit einem „Entenschnabel" war aus damaliger Sicht einfach nicht vorstellbar. Doch Australien ist nicht nur ein Kontinent ungewöhnlicher Säugetiere. Auch die Herpetofauna durchlief eine eigenständige Entwicklung, die zu so außergewöhnlichen Formen wie dem Frosch *Rheobatrachus vitellinus* führte, der seine Kaulquappen in einem zum Uterus umfunktionierten Magen ausbrütet. Unter den Reptilien sind die Flossenfüße (Pygopodidae) zu nennen - eine von Geckos abgeleitete Echsenfamilie mit fehlenden Vorder- und reduzierten flossenartig ausgebildeten Hinterbeinen - die ausschließlich auf dem australischen Kontinent leben (außer einer Art, die Neuguinea erreicht).
Reptilien finden in Australien als einen heißen und trockenen Kontinent besonders günstige Lebensbedingungen und haben zahlreiche verschiedene Arten hervorgebracht. Nirgends sonst auf der Welt leben so viele Arten auf der gleichen Fläche zusammen wie in den westaustralischen Wüsten. Trotz des großen Interesses, das australische Reptilien sowohl bei Liebhabern als auch weltweit bei Forschern genießen, wurde bisher über die Lebensweise vieler Arten aber erst wenig bekannt; selbst neue Arten werden noch regelmäßig entdeckt und beschrieben. Dies gilt auch für größere Arten wie die sehr beliebten Bartagamen. Andererseits blieb die Reptilienfauna nicht von negativen Einflüssen verschont. Australien ist keineswegs der unberührte, ursprüngliche und wilde Kontinent, als der er manchmal in Europa verklärt wird. Intensive landwirtschaftliche und forstwirtschaftliche Landnutzungen führten großflächig zu Veränderungen der Lebensräume vieler Arten, so daß einige Arten regional oder in ihrem gesamten Verbreitungsgebiet bereits stark bedroht sind.
Bartagamen und Kragenechsen gehören glücklicherweise nicht zu den bedrohten Arten. Bartagamen stellen in den Wüsten und Halbwüsten Australiens eine besonders auffällige Erscheinung dar, denen man bei Ausflügen in den Outback fast regelmäßig begegnet, auch wenn man nicht gezielt nach ihnen sucht. Durch ihre imposante Gestalt, ihre geringe Scheu, auch im Freiland, und durch ihre leichte Vermehrbarkeit sind sie zu beliebten Terrarientieren geworden. Hobbyforscher haben mit ihren Haltungserfahrungen und durch Exkursionen in die Lebensräume ihrer „Lieblinge" viele wichtige Entdeckungen und Kenntnisse zur Lebensweise verschiedener australischer Reptilien, auch der Bartagamen, beigetragen.
Beide Autoren verfügen selbst über langjährige Erfahrungen in der Haltung australischer Echsen bzw. im Umgang mit Parasiten und Krankheiten von Reptilien, die sich in diesem Buch erfreulich klar widerspiegeln. Das Anliegen der Autoren, sowohl dem Einsteiger als auch dem erfahrenen Terrarianer zum Wohle ihrer Tiere möglichst viele wertvolle Informationen über Haltung, Lebensraum und Lebensweise der von ihnen dargestellten Agamen zu bieten, und verantwortungsvoll mit den „Schützlingen" umzugehen, gelang beiden sehr gut. Ich wünsche dem Buch eine weite Verbreitung und den Lesern viel Spaß bei der Lektüre und viel Erfolg bei ihren Zuchtbemühungen mit diesen imposanten Reptilien.

Leipzig, den 01.01.1997 Dr. Klaus Henle

Vorwort

Reptilien üben auf viele Menschen, die sich näher mit ihnen befassen, eine eigenartige Anziehungskraft aus, die oft schwer in Worte zu fassen ist. Fast jeder hat in seiner Kindheit eine Phase der „Saurierbegeisterung" durchgemacht und war von den bizarren Gestalten der Urzeit fasziniert. Auch die rezenten Reptilien haben viele groteske Formen hervorgebracht, die – angenehmerweise in handlichem Format – an die „Saurier" erinnern. Ein gutes Beispiel bietet eine drohende Kragenechse, die mit aufgestelltem Kragen und geöffnetem Maul die großen, spitzen Frontzähne zeigt. Auch eine Bartagame mit geblähter, stachelbewehrter Kehle entspricht diesem Bild. Mag sein, daß solch beeindruckende Tiere dazu prädestiniert sind, der kindlichen Begeisterung im Erwachsenen zur Auferstehung zu verhelfen. Dies äußert sich dann oft in intensivem, bis an das Wissenschaftliche grenzende Interesse, was dafür gesorgt hat, daß die Agamen zu den beliebtesten Terrarientieren zählen. Ihre variable Färbung, ein reiches Verhaltensrepertoire, ihre Zutraulichkeit und Aufmerksamkeit und nicht zuletzt die problemlose Vermehrbarkeit in menschlicher Obhut tragen dazu ein Übriges bei.
Etwa im Jahre 1979 wurden Bartagamen – zunächst vor allem *Pogona vitticeps* – bei uns erstmals in größerer Stückzahl angeboten. In erster Linie war dies ein Verdienst RUDOLF WICKERS, der im Exotarium des Frankfurter Zoos Pionierarbeit bei der Nachzucht von Bartagamen leistete. Bei den Privatleuten waren es anerkannte Spezialisten wie DIETER MARTIN/Rottweil, DIETER WIMMER/Stuttgart, ELKE und HELMUT ZIMMERMANN/Stuttgart und WOLFGANG BRÖER/Dortmund, die sehr erfolgreich mit ihren Bartagamen-Zuchten waren. Später kamen noch NORBERT und URSULA SCHUSTER/Darmstadt-Roßdorf und MICHAEL BOOS/Hamburg dazu, die sich intensiv mit selteneren Arten befaßten und diese mit bemerkenswertem Erfolg zur Vermehrung brachten. Damit wuchs auch das Interesse an Australien, dem Herkunftsland der Bartagamen und Kragenechsen. Der engagierte Terrarianer begnügte sich nicht mehr damit, australische Agamen zu halten. Er wollte als Hobbyforscher auch den natürlichen Lebensraum erkunden, die Lebensweise „seiner" Echsen studieren, Umgebungstemperaturen messen, Futtertiere und -pflanzen registrieren oder Populationsgrößen erfassen. Für einen Touristen mit vier Wochen Aufenthalt in Australien eine unlösbare Aufgabe. Daher blieben leidenschaftliche Bartagamenhalter darauf angewiesen, in jahrelanger Kleinarbeit Veröffentlichungen in Zeitschriften und Büchern zusammenzutragen und ihre Erfahrungen in einer Organisation wie der DGHT (Deutsche Gesellschaft für Herpetologie und Terrarienkunde e.V.) mit Gleichgesinnten auszutauschen.
Das vorliegende Buch soll diese lobenswerten Bemühungen nicht überflüssig machen. Es möchte – soweit es der begrenzte Umfang erlaubt – den aktuellen Wissensstand zur Biologie, Haltung und Vermehrung von Bartagamen und Kragenechsen zusammenfassen. Wir hoffen, damit dem Neuling einen Einstieg in unser Hobby zu erleichtern, dem Profi noch den einen oder anderen „Aha-Effekt" zu bescheren, und nicht zuletzt die Tiere vor Haltungsfehlern zu bewahren.

Grevenbroich und Düsseldorf, im Januar 1997

1. Agamen

1.1 Kurzcharakteristik der Familie Agamidae (Agamen)

Die Agamenfamilie gehört in der Echsen-Systematik in die Nähe der Leguan- und Chamäleonfamilien. Mit diesen sind sie vereint als Infraordnung der Iguania (Leguanartige). Ihre Artenzahl beträgt nach WERMUTH (1967) ca. 290. MANTHEY & SCHUSTER (1999) haben 365 Spezies in 52 Gattungen aufgelistet (Tabelle siehe Anhang, S. 89).
Agamen sind nicht immer ohne weiteres von den Vertretern anderer Echsenfamilien zu unterscheiden. Die sichere Trennung von Agamen und Leguanen nach äußeren Merkmalen ist oft schwierig. Manche Leguane und Agamen sehen einander so ähnlich, daß man glaubt, sie einer Gattung zuordnen zu müssen. Wenn man ein Tier bestimmen möchte, ohne dessen Fundort zu kennen, hilft nur eins: man muß der Echse „ins Maul schauen". Die unterschiedliche Bezahnung, die Kieferstellung und der Schädelbau sind Merkmale, nach denen die Bestimmung möglich ist. Die Bezahnung der Agamen nennt man akrodont, was bedeutet, daß die Zähne genau auf der Oberkante des Kiefers stehen. Sie bilden eine zusammenhängende Zahnleiste, weil sie sich an ihrer Basis berühren und sehr eng aneinander stehen. Nur die Frontzähne der Agamen wachsen bei Verlust nach, bei dem Verlust anderer Zähne bleibt eine Lücke im Gebiß. Diesen eher urtümlichen Merkmalszustand teilen die Agamen mit den Chamäleons. Die Zahnstellung der Leguane dagegen nennt man pleurodont: Bei ihnen stehen die Zähne einzeln an der Innenseite der Kieferäste. In regelmäßigen Intervallen oder nach Verlust wachsen sie nach. Ansonsten unterscheiden sich die Agamen von den Leguanen in anatomischen Merkmalen nur graduell, z.B. in der Gaumenbezahnung, der Rückbildung des Tränenbeins (Lacrimale) und dem weitgehenden Verlust der Regenerationsfähigkeit des Schwanzes.

nach ESTES & WILLIAMS 1984

Unterkiefer von *Pogona vitticeps*, Agamidae
akrodont

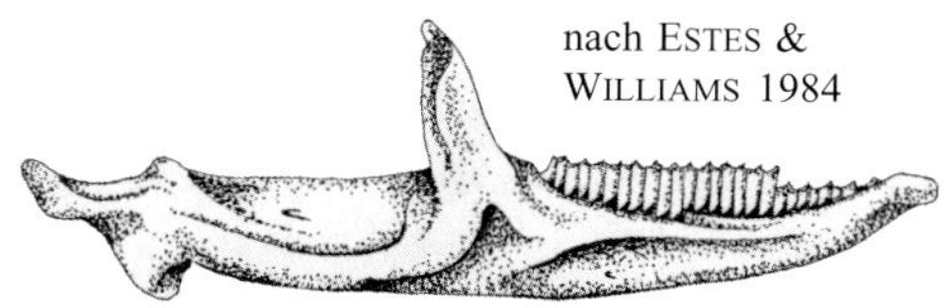

nach ESTES & WILLIAMS 1984

Typischer Unterkiefer der Familie Iguanidae
pleurodont

1.2 Verbreitung

Das Verbreitungsgebiet der Agamen umfaßt das östliche und südöstliche Europa, Afrika mit Ausnahme von Madagaskar, Asien mit Ausnahme der kalten Regionen, den Indoaustralischen Archipel und Australien. Auf den Fidji- und Tonga-Inseln im Südpazifik kommt es zu einer fragwürdigen Überschneidung der Verbreitungsgebiete von Leguanen und Agamen (BÖHME 1981).

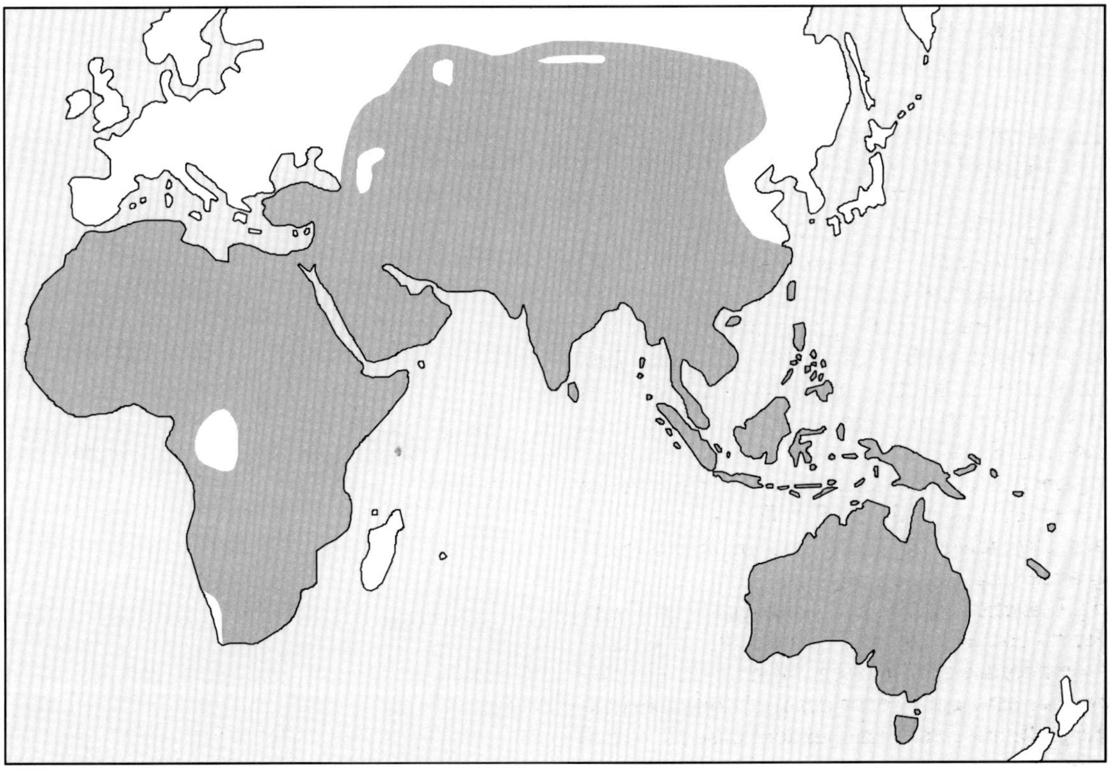

Verbreitung der Familie Agamidae (Agamen)

2. Australische Agamen

Um die Familie etwas umfassender darzustellen, möchten wir die später intensiv besprochenen Arten der Kragenechsen und Bartagamen zunächst noch in den Rahmen der Gesamtheit australischer Agamen einbinden.

2.1 Anpassungen an den Lebensraum

Wir haben bei GREER (1989) viele allgemeine Informationen gewonnen, die wir mit unseren persönlichen Kenntnissen verarbeitet haben und nachfolgend in einem allgemeinen Teil vorstellen. Die Mitglieder der Familie Agamidae bewohnen alle möglichen Habitate: im Regenwald sieht man Baum- und Waldagamen, an Flüssen und Bächen sind es Wasseragamen. Taubagamen besiedeln Steinwüsten, andere die Sanddünen, man findet Agamen in unmittelbarer Nähe des Meeres, im trockenen Bett eines Salzsees oder im Gebirge. Alle Agamen sind Baumbewohner oder Bewohner der Bodenoberfläche. Sie sind tagaktiv und leben nie - wie z.B. manche Skinkgattung (z.B. *Scincus*) - im Sand. Alle Agamen sind ausgesprochene Tagtiere.
Ein unterschiedlicher Körperbau und weitere äußerlich sichtbare Merkmale weisen auf den jeweiligen Lebensraum der Art hin. Ansitzjäger unter den bodenbewohnenden Agamen zeichnen

Pogona mitchelli, ♂ von Broome / WA. Foto: U. Röhe

sich durch kurze Beine und einen gedrungenen Schwanz aus. Der Körper ist abgeflacht wie ein Diskus. Kletterer und Baumbewohner haben einen seitlich abgeflachten, stromlinienförmigen Körper. Häufig sind bei ihnen lange Rückenkämme und große Kehlsäcke feststellbar. Bei den aktiven Läufern der Familie kann man einen deutlich längeren Schwanz als bei allen anderen Agamen feststellen. Diese Besonderheit erklärt sich dadurch, daß der lange Schwanz der Balance dient. Wenn die Echse läuft, ist der Oberkörper nach vorne gebeugt und der angehobene Schwanz hält das Gleichgewicht.

Ctenophorus reticulatus, ♂ Foto: A. Hauschild

Agamen laufen gewöhnlich schnell und auf allen Vieren, doch zwei Gattungen bewegen sich bedächtig langsam vorwärts (SWITAK 1996), die Chamäeleon-Agame *Chelosania brunnea* und der Dornteufel *Moloch horridus*. Diese Art der langsamen Fortbewegung – selbst bei Gefahr – dient dazu, für Angreifer möglichst reizlos zu erscheinen. Diese Strategie wenden im Freiland auch Adulttiere von *Pogona vitticeps* an (HENLE, pers. Mitt.).

Von *Physignathus* und *Ctenophorus* weiß man, daß sie auf freier Fläche bei einem Spurt den Oberkörper schräg aufrichten und nur auf den

Hinterbeinen mit hoher Geschwindigkeit davonrennen. Das nennt man eine „bipede" (zweibeinige) Fortbewegung. Auch *Chlamydosaurus kingii* läuft schnell auf zwei Beinen. Selbst *Pogona barbata* wird von CARPENTER & BADHAM (1970) als zweibeiniger Läufer erwähnt. Der Erstautor (HAUSCHILD) hatte das Glück, solch eine bipede Fortbewegung bei Bartagamen von SCHUSTER beobachten zu können. Wurden zwei adulte Männchen *P. vitticeps* aus den Terrarien genommen und auf dem Zimmerboden miteinander konfrontiert, kam es spontan zum Nicken, Drohen und Winken. Eines der Tiere rannte weg, das andere hinterher. Bot die volle Zimmerlänge Gelegenheit, Anlauf zu nehmen, so kam es vor, daß eine der Agamen kurzzeitig auf den Hinterbeinen lief.
Während des Schlafes liegen die Echsen entweder in einem Unterschlupf, wobei sie eine Körperhaltung annehmen wie ein Hufeisen, oder sie ruhen im Gezweig, den Kopf anliegend, die Hinterbeine langgestreckt zur Seite des Schwanzes.

2.2 Nahrungsspektrum

Australische Agamen suchen ihre Beutetiere nicht aktiv, sondern sie sind „Ansitzjäger", d.h. sie lauern von einer Warte aus auf Beute. Sie fressen normalerweise ein großes Spektrum an Wirbellosen, allerdings sind einige Arten sehr wählerisch in ihrer Futterpalette. Ein auffallender Kontrast zu anderen Echsen ist der hohe Anteil an Ameisen, der verzehrt wird. Denn die meisten Echsen vermeiden Ameisen als Futter, während viele Agamen eine bedeutende Menge davon verspeisen. Der Dornteufel (*Moloch horridus*) hat sich sogar auf diese Insekten spezialisiert, von denen er jedoch nur bestimmte Arten frißt. Warum manche Agamen Ameisen in Hülle und Fülle fressen und andere überhaupt nicht, bleibt unklar. Viele Agamen vertragen wohl die Ameisensäure nicht, der Stoffwechsel der „Ameisenfresser" ist aber darauf eingerichtet, Ameisensäure abzubauen.

Die meisten Agamen Australiens, außer *Moloch*, fressen gelegentlich Vegetarisches. Bei den größeren, bodenbewohnenden Arten, wie z.B. *Pogona vitticeps* oder *Ctenophorus nuchalis*, besteht ein wesentlicher Teil des Speiseplans aus pflanzlicher Kost. Während der Terrarienhaltung besteht er sogar bis zu einem Drittel aus Grünfutter, Obst und Gemüse.
Große Bartagamen fressen auch kleine Wirbeltiere, sofern sie sie erbeuten können. Auch kleinere Artgenossen verschmähen sie nicht. Zum Nahrungsspektrum größerer Agamen, wie z.B. der Netzagame *Ctenophorus reticulatus*, zählen auch Angehörige kleinerer Arten, etwa kleine Bartagamen.

2.3 Verhalten

Artgenossen kommunizieren vor allem über optische Signale
Soziales Verhalten bei Agamen zeigt sich in einer Vielfalt von Körperhaltungen, Färbungen und Mustern. Die Männchen imponieren den Weibchen, indem sie den Kopf auf und ab bewegen, manchmal in raschen Sequenzen. Die Weibchen wiederum signalisieren mit solchem „Nicken" ihrerseits Demut, Bereitschaft oder Desinteresse. Die Männchen blähen zusätzlich noch den Hals auf und stemmen sich vom Boden hoch. Die Seiten sind dann ganz abgeflacht, der Rükken gekrümmt, der Schwanz angehoben, und eines der Vorderbeine wird schnell gedreht. Letztere Verhaltensweise wird oft als „Ärmchendrehen" oder „Winken" bezeichnet. Je ranghöher z.B. eine junge Bartagame ist, desto höher positioniert sie sich bei Gelegenheit, etwa auf Felsen oder Ästen. Die unterlegenen, niedriger sitzenden Exemplare „winken" zur Beschwichtigung. Das ranghöchste Tier nickt allenfalls zurück. Solches Verhalten kann man auch auslösen, wenn man unterschiedlich große Exemplare miteinander konfrontiert. Das kleinere Tier duckt sich und winkt mit einem Vorderbein. Zusätzlich verfärbt es sich dunkel. Aggressive

Verhaltensabläufe zwischen Männchen einer Art und allgemeine Durchsetzungs- bzw. Ranganspruche sind die bekanntesten Formen von Sozialverhalten bei Agamen.

Agamen sind häufig territorial, d.h. sie bilden Reviere aus. Das setzt in der Regel die optische Präsenz des Besitzers voraus. Bei den Bartagamen sind es insbesondere *P. barbata, P. vitticeps, P. mitchelli* und *P. nullarbor*, die durch auffallendes „Bartspreizen" und Nicken rituell ihre Ranganspruche geltend machen, auch über eine größere Distanz hinweg. Der Bart und die Schwanzspitze verfärben sich dabei dunkel bis tiefschwarz. Flüchtet das schwächere Tier nicht gleich, signalisiert der Besitzer seinen territorialen Anspruch. Bleibt das fruchtlos, erfolgt ein rascher Angriff, der auch zu schweren Beschädigungskämpfen führen kann. Auch Weibchen können in einer Erregungsphase ihre Kehle und Schwanzspitze dunkel verfärben, allerdings nicht so intensiv wie die Männchen (DE VOSJOLI & MAILLOUX 1993).

Aus der Terrarienpraxis weiß man, daß Behälter so aufgestellt sein müssen, daß die Agamen sich nicht sehen können. Schon bei einer rein optischen Konfrontation würden sich die Tiere gegenseitig so stressen, daß der Unterlegene die Nahrung verweigern, kränkeln und unter Umständen eingehen würde. Dieselbe Wirkung erzielt man, wenn der Bartagame ein Spiegel vorgehalten wird. Sie nickt nicht nur als Reaktion, sie springt das Ebenbild auch an. Bis zu 75 verschiedene Verhaltensmuster wurden bei *P. barbata* festgestellt (WILSON & KNOWLES 1988). BRATTSTROM (1971) hat zu diesem Thema und zur Thermoregulation sehr gute Beobachtungen mitgeteilt, die er aus dem Freiland und während der Gefangenschaftshaltung von Bartagamen gewonnen hat. Er hat viele Interaktionen grafisch dargestellt, wovon ZIMMERMANN (1983) einige Szenen anschaulich wiedergibt. Wir haben auffallende und häufige Verhaltensmuster unserer Tiere aufgeschrieben und versucht, sie graphisch darzustellen.

Graphische Darstellung verschiedener Interaktionen bei ***Pogona***

Zeichnungen: M. Becker

Gehen

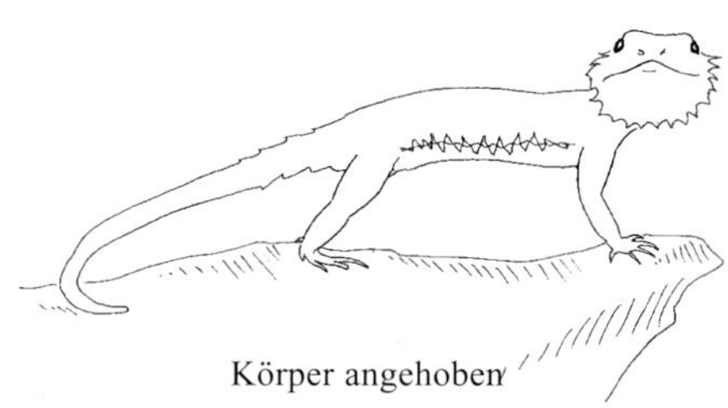

Körper angehoben

Zungentest (Eßbarkeitsprüfung)

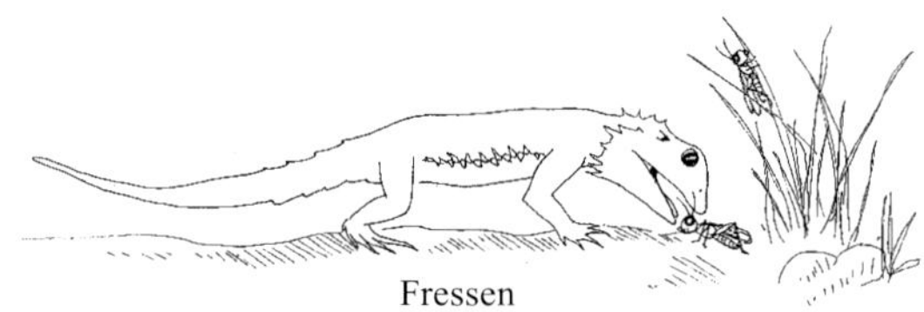

Fressen

Trinken

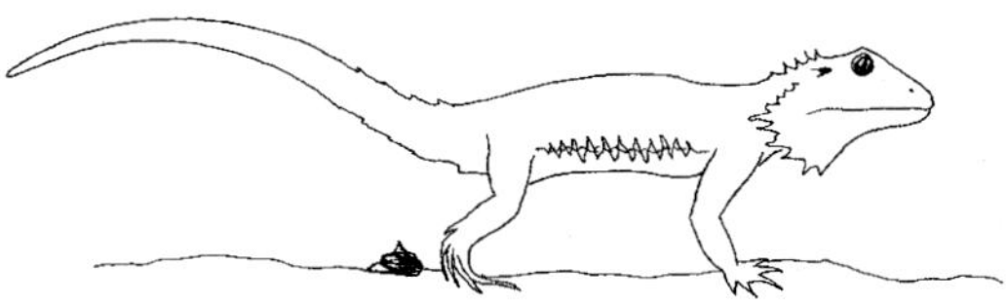

Kot absetzen

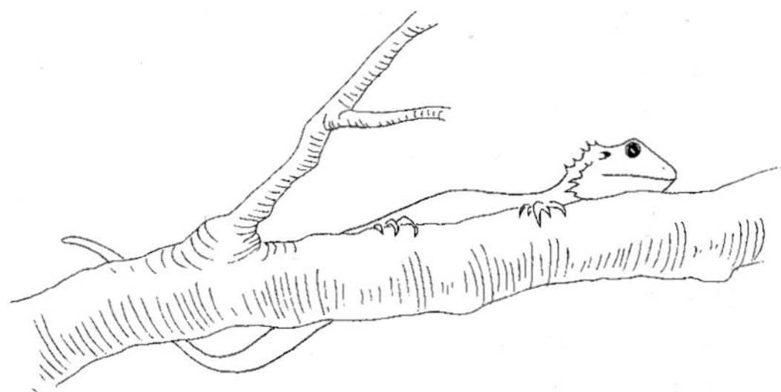

Verstecken

Alarmierung

Droh- bzw. Demuts-Haltung

Winken bzw. “Armdrehen“

Kampf

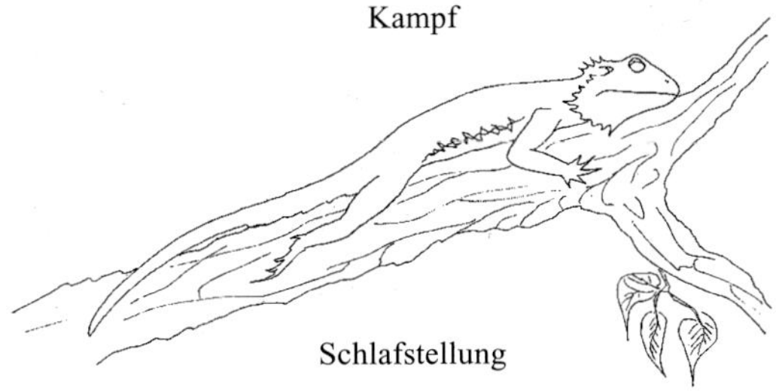

Schlafstellung

Paarungsverhalten und Fortpflanzung

Nahezu alle Agamen legen Eier, d.h., sie sind ovipar. Im australischen Frühling und Sommer (September bis März) sorgen die Agamen aus den trocken-heißen Regionen Australiens für Nachkommen. Anders verhält es sich mit den meisten Arten aus den feucht-warmen Tropen Nordostaustraliens: sie pflanzen sich von Juni bis September fort, also während der trockenen Jahresperiode.

Aufgrund der zyklischen Reproduktionsbiologie vieler Agamen geht der Paarung eine Ruhephase voraus. Während sich die südlicher vorkommenden Agamen vor der Winterkälte verstecken, legen die großen nördlichen Agamen zur Trockenzeit eine Pause ein. Dann ziehen sie sich in Verstecke, wie z. B. hohle Baumstümpfe, Laubhaufen, Erdlöcher oder Felsspalten zurück. Sie warten auf bessere klimatische Verhältnisse. *Chlamydosaurus* z.B. legt eine solche Ruhepause zur Trockenzeit ein, obwohl andere Agamen des Nordens durchaus zu dieser Zeit zu sehen sind. Die ersten Tiere, die nach dem Winter- bzw. dem Trockenschlaf hervorkommen, sind Männchen. Sie müssen ihr Territorium abstecken, bevor die ersten Weibchen auftauchen. Bei vielen Echsen, auch bei Agamen, geht der Paarung ein mehr oder weniger komplexes Balzritual voraus. Es dient in der Regel dazu, Art, Geschlecht und Paarungsbereitschaft eines möglichen Partners festzustellen. Ziel des Männchens ist es schließlich, den Paarungsbiß im Nacken, der Schulter oder der Flanke eines Weibchens anzubringen. Dieser Biß hinterläßt oft oberflächliche Wunden

***Pogona vitticeps*,** Zuchtpärchen von D. Wimmer. Foto: H. Bosch

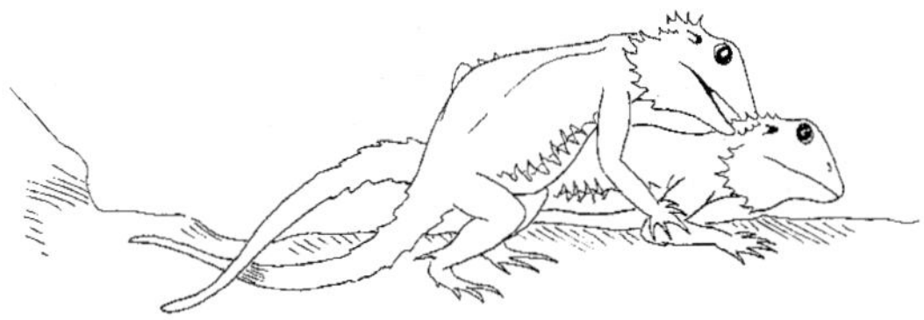

Paarung und Nackenbiß
Zeichnung: M. Becker

oder zumindest Abschürfungen auf der Haut des weiblichen Tieres. Das Männchen beißt sich meist auf derjenigen Seite der Partnerin fest, die der eigenen Kloakenregion abgewandt ist. Durch diese Schräglage wird ein Abrutschen vom Rücken des Weibchens verhindert. Ist das Weibchen paarungsbereit, hält es still und ermöglicht es dem Männchen, seine Schwanzwurzel mit der Kloakenregion nach oben unter diejenige seiner Partnerin zu schieben und einen Hemipenis einzuführen. Nicht paarungsbereite Weibchen versuchen sich dem Paarungsbiß zu entziehen. Unter Terrarienbedingungen konnten wir beobachten, daß ein nicht paarungswilliges *Pogona*-Weibchen das Männchen mit sich herumschleifte. Geschickt vermochte es den Freier an der Innenwand des Behälters abzustreifen. Ein anderes Mal beobachteten wir, wie das Weibchen versuchte, eine Höhle zu erreichen. Dort, am schmalen Eingangsloch, mußte das Männchen kapitulieren.

Bei gegenseitigem Einverständnis kommt es immer rasch zur Kopulation. Diese dauert ca. 2-3 Minuten, maximal bis zu einer halben Stunde. Das Männchen versucht mehrmals am Tag zum Ziel zu kommen. Spätestens nach ca. 10 Tagen legt sich der Trieb. Das trächtige Weibchen erkennt man daran, daß es ausgiebig sonnt, viel Futter zu sich nimmt und im Laufe von wenigen Wochen deutlich an Bauchumfang zulegt. Kurz vor der Eiablage zeichnen sich die Eier gut sichtbar durch die Bauchdecke ab. Nach 5-6 Wochen Tragzeit sucht das Weibchen einen geeigneten Eiablageplatz. Bevor es sich für ein Loch entscheidet, hat es einige Testgrabungen hinter sich. Es legt seine Eier in ein selbstgegrabenes Loch. Anschließend wird das Loch mit den Beinen wieder zugeschaufelt. Dabei wird die Erde auch mit dem Kopf schichtweise verfestigt. Das Weibchen stößt lange kräftig mit dem Kopf auf der Ablagestelle herum. Anschließend ist der Boden so verdichtet, daß ein unvoreingenommener Betrachter nichts von einem Eiablageplatz erkennen kann. Mit dem Schwanz wird die Oberfläche zusätzlich geglättet (JOHNSTON 1979). Die Gelegegröße hängt von der Größe des Weibchens ab. Junge, noch nicht ganz ausgewachsene Weibchen haben kleinere Gelege als große, ausgewachsene Weibchen. DE VOSJOLI & MAILLOUX (1993) haben die größte und stabilste Gelegezahl bei den Weibchen festgestellt, die zwischen zwei und vier Jahre alt waren. Die Mindestgelegegröße beträgt bei australischen Agamen zwei Eier, maximal können es auch 40 (bei *Pogona vitticeps*) sein (GREER 1989). Die meisten Agamen legen mehr als einmal pro Jahr Eier. Darin unterscheiden sie sich z.B. von den Waranen, die nur einmal im Jahr Jungtiere hervorbringen. Für trächtige Weibchen baumbewohnender Agamengattungen würde eine hohe Eizahl ein beträchtliches Bewegungshindernis darstellen. Bei ihnen liegt die Gelegegröße daher eher bei zwei Eiern, die oft in humusgefüllten Baumlöchern oder hohlen Ästen abgelegt werden. Alle Echsenweibchen deponieren ihre Gelege gewöhnlich an einem Ort, der optimale Inkubationsbedingungen bietet, und schützen es auch davor, von Feinden entdeckt zu werden. Damit erschöpft sich aber in der Regel die Brutfürsorge. Die Eier bleiben ihrem Schicksal überlassen - anders verhält es sich bei lebendgebärenden Arten, z.B. bei manchen Skinken (insbesondere den nordamerikanischen *Eumeces*-Arten), bei denen die Weibchen ein hochentwikkeltes Brutpflegeverhalten zeigen (GASSNER & HAUSCHILD 1997). Ein Nachteil der Viviparie ist die lange Zeit der Trächtigkeit: das Weibchen kann sich meistens nur einmal im Jahr fortpflanzen. Weibliche Tiere oviparer Arten können sich dagegen wiederholt mit verschiedenen Männchen paaren und mehrere Gelege pro Saison absetzen. Das spiegelt sich in der Nachkommenzahl und der größeren Vielfalt der vererbten Merkmale wider (vgl. HAUSCHILD & GASSNER 1995).

Die weichschaligen Eier vergrößern sich durch Aufnahme von Feuchtigkeit aus dem Substrat. Sie nehmen an Gewicht zu, bis die Jungtiere schlüpfen. SMITH & SCHWANER (1981) haben die Wachstumsphase der Eier von *P. nullarbor* genau protokolliert und dabei festgestellt, daß sich das Eivolumen vom Ablagetag bis zum Schlupf der Jungen um 83 % vergrößerte. Im letzten Zehntel der Inkubationszeit nimmt die Länge oder Breite der Eier noch einmal um 1-2 mm ab. Diese Angaben bestätigt auch BUSTARD (1966) für die Eier von *P. barbata*, die während der Inkubation bis zu 250 % an Gewicht zunehmen. Der Schlupf kündigt sich dadurch an, daß die Eier wenige Tage vorher graublau anlaufen und anschließend zu „schwitzen“ beginnen. Kurz darauf sieht man erste Eihautschnitte durch den Eizahn der Agamenbabys. Bald stecken diese den Kopf heraus und beginnen zu atmen. In dieser Stellung verharren die Schlüpflinge Stunden oder Tage. Wenn die Eier „schwitzen“ und danach zusammenfallen, ohne daß das Jungtier die Eihaut schlitzt, muß der Pfleger eingreifen und das Junge retten, welches offensichtlich nicht in der Lage ist, sich alleine aus dem Ei zu befreien. Das kann z. B. bei zu feuchtem Inkubationssubstrat vorkommen.

Wird es gestört, zieht sich das Jungtier beim Schlupf sogar wieder in die Eihülle zurück. Schlüpft das Junge endgültig, sind Nabelschnur und Nabelöffnung noch etliche Stunden gut sichtbar. Der Schlüpfling verschwindet sofort in einer Deckung, wo er die ersten Tage noch von seinem Dottervorrat zehrt. Frisch geschlüpfte Jungtiere australischer Agamen weisen eine KRL von 20 mm bis 50 mm auf, Erwachsene haben eine KRL von 50 bis 260 mm, je nach Art. Bei einigen Spezies werden die adulten Tiere nur doppelt so groß wie zum Zeitpunkt des Schlupfes. Es gibt aber auch Agamen, welche die siebenfache Länge ihrer Schlupflänge erreichen. Agamen verändern während des Wachstums ihre Gestalt. Jungtiere zeichnen sich durch einen großen Kopf und lange Beine aus. Während des Wachstums verändern sich die Proportionen der Körperform dahingehend, daß der Kopf und die Beine kleiner werden, der Rumpf und der Schwanz dagegen länger.

Nach Aussage verschiedener Bartagamen-Züchter erreichen Jungtiere schon innerhalb des ersten Jahres Geschlechtsreife, *P. minor* frühestens nach zwei Jahren (DAVIDGE 1980).

Unter wissenschaftlicher Betreuung wurden im Labor Kreuzungen australischer Agamen vorgenommen. So wurden *P. barbata* mit *P. vitticeps* und *P. mitchelli* mit *P. minor* gekreuzt. Die Jungtiere schlüpften zwar, aber sie hatten so starke Deformierungen an der Wirbelsäule, daß sie nur kurze Zeit lebensfähig waren (BADHAM 1976). DE VOSJOLI & MAILLOUX (1993) haben *P. vitticeps* mit *P. henrylawsoni* gekreuzt. Die Grundfarbe der Nachkommen war die von *P. henrylawsoni*, die Gesamtgröße war ein Mittel beider Arten - der Hybrid sah einer *P. vitticeps* recht ähnlich. Erst vor wenigen Monaten kam es zu grob fahrlässigen Kreuzungsergebnissen zwischen *P. henrylawsoni* und *P. mitchelli*. Trotz Warnung vergesellschaftete ein Terrarianer sein Weibchen *P. mitchelli* mit einem Paar *P. henrylawsoni*. Aus einer sechswöchigen Vergesellschaftung resultierten vier Gelege der *P. mitchelli* mit jeweils 8-12 Eiern, aus denen sich vitale Jungtiere entwickelten.

Ein reiches Verhaltensrepertoire dient der Thermoregulation

Wie die meisten sonnenliebenden Reptilien bevorzugen Bartagamen und Kragenechsen eine Körpertemperatur zwischen 28° C und 40° C während ihrer Tagesaktivität (GREER 1989). Die Wärme können sie nicht aus sich heraus produzieren, sondern müssen sie äußeren Quellen – wie der Sonneneinstrahlung oder erwärmtem Straßenasphalt – entnehmen. Morgens, wenn sie aus ihrem Unterschlupf auftauchen, sind die Agamen dunkel bis schwarz gefärbt. Ihre Bewegungen sind langsam, die Körpertemperaturen entsprechen den Temperaturen im Unterschlupf. Gewöhnlich suchen die Tiere sofort ihren Sonnenplatz auf. Der dunkle Körper nimmt die Strahlungswärme bestens auf. Die Agamen bewegen ihre Rippen nach vorn und nach außen. Dadurch können sie den Körper abflachen und vergrößern damit sowohl die der Sonne als auch die dem Boden ausgesetzte Hautfläche. Wenn sie ihre optimale Körpertemperatur erreicht haben, wechseln sie ihre Position so, daß sie noch länger verbleiben können, ohne sich zu überhitzen. Erst danach verlassen sie den exponierten Sonnenplatz, um herumzulaufen, zu fressen, soziale Aktivitäten zu entfalten oder zu koten. Wenn die Sonneneinstrahlung so intensiv wird, daß Überhitzungsgefahr besteht, färben sie sich heller und wenden sich von der Sonne ab oder versuchen, zu einem weniger reflektierenden Untergrund zu gelangen. Manche gehen auch in den Halbschatten, ins Gebüsch oder unter einen Baum. Hilft das auch nicht, klettern sie auf ihren „Hochsitz“ – z.B. einen Zaunpfahl oder einen Baum – oder heben, wenn sie auf dem Boden bleiben, ihre Füße und den Schwanz hoch und treten auf der Stelle. Wenn sie der Hitze gar nicht anders ausweichen können, öffnen sie das Maul und hecheln. Die überhitzte Echse kann sich allmählich abkühlen, indem sie mit weit geöffnetem Maul und vorgestreckter Zunge schnell atmet. Die durchschnittliche Körpertemperatur von aktiven Bartagamen, die man in ihrem Biotop gemessen hat, beträgt ca. 33° C. In Gefangenschaft zeigen diese Echsen eine höhere Vorzugstemperatur von ca. 35,7° C. Die maximale Körpertemperatur, kurz vor dem Hitzetod, liegt bei etwa 44° C (GREER 1989).

Bei Sonnenuntergang kühlen die Lufttemperaturen ab und die Agamen versuchen, die Restwärme möglichst gut zu nutzen. Da einige Gegenstände in der Umgebung genügend Wärme gespeichert haben, nutzen die Agamen diese und die Strahlen der untergehenden Sonne. Beispielsweise pressen sie sich an warme Steine. Damit können sie ihre Aktivitätszeit verlängern, um z.B. Futter zu verdauen. Zusätzlich zu diesem eindeutigen Verhalten und physiologischen Wechsel, der bei der Wärmeregulierung vorkommt, können Agamen den Blutfluß in Kopf und Körper regulieren, um ihre Körpertemperatur zu kontrollieren. PETERS (1986) hat *P. barbata* auch bei schlechtem Wetter häufig auf Steinen oder Baumstümpfen beobachtet. Die Temperatur betrug nur 18° C und es regnete. Es gibt immer Ausnahmen bei generellen Feststellungen. Die Aktivität von *Pogona* kann durchaus während der Nacht eine Fortsetzung finden, vorausgesetzt die Bedingungen stimmen. VALENTIC (1995)

Thermoregulieren: Hecheln Foto: A. Hauschild

beobachtete in australischen Sommernächten in Neusüdwales aktive Bartagamen. Er hatte sie nicht in ihrem Versteck aufgestöbert, sondern sie befanden sich auf Futtersuche an einer Straße. Es war 20.35 Uhr bzw. 22.30 Uhr abends, der Mond schien, die Temperaturen betrugen 27° C bzw. 31° C und eine leichte Brise wehte. Die vorangegangenen Tagestemperaturen waren besonders hoch gewesen. Wahrscheinlich hatten die Agamen an kühleren Plätzen den Tag verbracht und befanden sich jetzt auf Futtersuche. Der Autor konnte zahlreiche potentielle Beutetiere feststellen, die offensichtlich ihre sonstigen Tagesaktivitäten in die Nacht verlegt hatten. Ähnliche Beobachtungen machte HENKEL (1980) in Queensland, als er mehrere aktive *Pogona barbata* während der Dämmerung beobachtete, die auf Futtersuche waren.

2.4 Besonderheiten des Körperbaus

Agamen sind Augentiere

Tagaktive Reptilien, die auf dem Boden leben, sind auf ihre Augen mehr als auf jedes andere Sinnesorgan einschließlich des Jacobsonschen Organs angewiesen. Sie reagieren viel eher auf bewegte als auf regungslose Objekte.

Unter allen australischen Echsenfamilien ist der optische Sinn bei den Agamen am ausgeprägtesten: Erstens sind alle Arten überwiegend tagaktiv und entwickeln ihre Aktivitäten im freien Gelände. Zweitens sind sie in der Lage, Beute, Artgenossen und Feinde schon auf große Entfernung auszumachen. Drittens können sie das Geschlecht von Artgenossen erkennen, denn meist bestehen - zumindest in der Adultfärbung und während eines Teils des Jahres - optisch erkennbare Geschlechtsunterschiede. Viertens sprechen die meisten sozialen Interaktionen den optischen Sinn an. Fünftens schließlich verlassen sich Agamen nur wenig auf das Züngeln. Obwohl sie ein Jacobsonsches Organ besitzen, wird es kaum von ihnen genutzt. Dies steht im Gegensatz zu Schlangen und einigen anderen Echsen, die ihre Umwelt sehr viel stärker durch intensives Züngeln über dieses spezielle Organ im Gaumendach erfassen.

Es ist erwiesen, daß Agamen zwischen verschiedenen Farben unterscheiden können (GREER 1989). Ein Merkmal hierfür ist das Erkennen unterschiedlicher Körperfärbungen, die bei Agamen als sekundäres Geschlechtsmerkmal fungieren. Damit soll aber nicht behauptet werden, daß Agamen sämtliche Farben erkennen können, mit Sicherheit aber Schwarz, Grau, Weiß, Gelb, Grün und Rot. Farbänderungen können zur Kontrastverstärkung dienen, die von den Agamen zur visuellen Unterscheidung herangezogen werden. Wer einmal versucht hat, eine Bartagame zu streicheln, wird bemerkt haben, daß sie sofort die Augen schließt. Dies ist sicher kein „Zeichen genüßlichen Wohlbefindens", wie SCHMIDA (1968) mutmaßt, sondern eher ein Schutzmechanismus.

Das Ohr ist weniger leistungsfähig

Der Gehörsinn ist bei Echsen variabel ausgebildet. Er ist weniger scharf als bei Säugetieren und Vögeln. Niedrige Tonfrequenzen werden besser wahrgenommen als hohe. Die meisten australischen Agamen besitzen eine deutlich sichtbare Ohröffnung – die Gattungen *Tympanocryptis* (griechisch für "verstecktes Trommelfell") und *Ctenophorus* ausgenommen. Das Trommelfell ist bei beiden gut entwickelt, liegt aber tief unter der Haut.

Haut, Farbwechsel und Körperfärbung

Die meisten Agamen können sich kurzzeitig verfärben. Sie erweitern den Raum, den die dunklen Pigmente in den Hautzellen einnehmen, oder ziehen diese zusammen. Diese Wechsel finden in Zusammenhang mit der Thermoregulation oder als Abwehrverhalten gegen Feinde statt. Zwei Typen des Farbwechsels sind bei Agamen bekannt: Ein allgemeines Aufhellen und Dunkelfärben der Gesamtfarbe und ein spezifisches Aufhellen und Dunkelfärben von Zeichnungs-

elementen wie Punkte, Flecken und Streifen. Der komplette Farbwechsel findet bei Wärmeregulierung statt. Teilverfärbungen beobachtet man während sozialer Interaktionen. Die Echse kann damit die Intensität ihrer „Nachricht“ variieren, Färbung und Zeichnung dienen zum Teil auch dem Erkennen der Geschlechter.
Der häufigste farbliche Geschlechtsunterschied (Farbdimorphismus) bei Agamen ist ein ständiger schwarzer Fleck oder Punkt auf der Unterseite des Tieres, gewöhnlich auf der Kehle oder der Brust.
Bei vielen australischen Agamen sind Zunge und Lippenschilder blaß rosa gefärbt. Andere präsentieren dort eine abweichende Farbe, wie z.B. *Pogona barbata*, *P. minor*, *P. nullarbor* und *P. vitticeps*, deren Zunge und Lippenschilder dunkelgelb erscheinen können, bei *P. henrylawsoni* sogar leuchtend orange (WELLS & WELLINGTON 1985). Wofür diese unterschiedlichen, auffallenden Färbungen gut sind, ist bislang unbekannt.

Den Agamen fehlt die Fähigkeit zur Autotomie

Eines der auffallenden morphologischen Merkmale ist bei allen Agamen das Fehlen einer Sollbruchstelle des Schwanzes. Das Abwerfen des Schwanzes (Autotomie) ist bei Echsen allgemein bekannt. Es ist ein Täuschungsmanöver, das Freßfeinde kurzzeitig ablenken soll. Die Agamen teilen mit anderen Familien, wie z.B. den Chamaeleonidae und Varanidae, die Unfähigkeit zur Autotomie. Die Bruchstelle am Schwanz verheilt oft rasch, wächst aber meist nicht nach. Wenn der ganze Schwanz verlorengeht, büßen die beschädigten Tiere an Beweglichkeit und Geschicklichkeit ein. Nicht zu unterschätzen ist auch der Energieverlust, da der Schwanz oft einen beachtlichen Anteil an Speicherfett enthält. Von einigen australischen Agamen (*Ctenophorus* und *Physignathus*) weiß man, daß sie ein Schwanzregenerat bilden können. Der Australischen Wasseragame *Physignathus lesueurii* wächst statt eines neuen Wirbels ein zeichnungsloser, dunkelbrauner Knorpelstab (HARDY & HARDY 1977). HEIL/Frankfurt hat uns mitgeteilt, daß seine Indischen Wasseragamen *Physignathus cocinchinus* als Jungtiere ein vollständiges, schwarzfarbenes Schwanzregenerat ausgebildet haben. Bei erwachsenen Exemplaren dieser Art wächst bei einigen Tieren ein ca. 6-8 cm langer, schwarzer Knorpelstab nach, der am Ende abgerundet ist, bei anderen heilt die Wunde nur ohne Regeneratbildung aus, was dem bisherigen Kenntnisstand entspricht (vgl. auch WERNING 1995).

2.5 Flucht und Verteidigung

Obwohl alle Agamen Löcher zur Eiablage graben, also auch in der Lage sind, im Erdreich zu wühlen, nutzen nur wenige Arten diese Fähigkeit, um sich einen ständigen Unterschlupf oder Rückzugsplatz vor Feinden zu schaffen. Dies sind einige *Ctenophorus*- und *Rankinia*-Arten, von denen ein paar ihre Höhle von innen verschließen.
Auf den jeweiligen Untergrund sind Agamen farblich sehr gut abgestimmt. Für eine Echse ist dies überlebenswichtig. Die Agamen, die auf rotem Sand vorkommen, sind meist rostrot gefärbt. *Moloch horridus* fanden HAUSCHILD und SCHUSTER im mittleren Westaustralien auf gelbem Sand, im Norden Westaustraliens, Nähe Port Hedland, auf rotem Sand. Die Echse war farblich jeweils hervorragend angepaßt. Agamen auf Baumstämmen oder Wurzeln sind oft grau gefärbt, die Echsen im Laub der Bäume grün.
Beinahe alle Agamen reagieren auf einen Angreifer mit Flucht in ein Loch, eine Steinspalte, einen hohlen Baumstamm, in die dichte Vegetation oder ins Wasser, wie z.B. die Wasseragame *Physignathus lesueurii*. Einige Arten zeigen, bevor sie fliehen, ein anderes Verhalten: sie verharren absolut bewegungslos. Zu einem solchen „Standbild“ erstarren z. B. *Chlamydo-*

Rechts:
Tympanocryptis lineata Foto: U. Peters

Links:
Chlamydosaurus kingii droht auf Termitenhügel. Foto: H.-D. Philippen

Unten:
Moloch horridus, gelb (Kalgoorli / WA).
Foto: A. Hauschild

saurus, *Moloch*, *Pogona* und *Tympanocryptis*. Funktioniert dies nicht oder läßt der Angreifer sich nicht täuschen, flüchtet die Echse auf die Rückseite ihres ursprünglichen Ansitzes. Nähert sich der Angreifer weiter, bleibt der Echse nur noch die Flucht. Es kommt aber auch zu Reaktionen, die den Angreifer erschrecken sollen. *Pogona*-Arten reißen das Maul auf und spreizen den „Bart", *Chlamydosaurus* sperrt das Maul auf und spreizt die Halskrause. Häufig stellen sich die Tiere in Schräglage zum Angreifer, um größer zu erscheinen. Wirkungsvoll ist auch ein Sprung nach vorn. Ergreift man eine Agame, so versucht sie zu beißen, um loszukommen. Nur der Dornteufel bleibt passiv. Kragenechse und Bartagame teilen sogar Schläge mit dem Schwanz aus. Eine akustische Verstärkung des Drohverhaltens kennt man nur von *Chlamydosaurus*: Die Kragenechse faucht laut hörbar, wenn sie einem Angreifer gegenübersteht. Wer diese Warnung mißachtet und versucht das Tier zu ergreifen, muß mit äußerst schmerzhaften Bissen rechnen. SWITAK (1996) berichtet von einem Herpetologen, der durch einen Biß den halben Finger einbüßte.

Von *Tympanocryptis* weiß man, daß sie in einer für sie bedrohlichen Situation quieken können (GREER 1989).

2.6 Haltung und Vermehrung im Terrarium

Wir möchten, anstatt Bau- und Einrichtungsanleitungen für Terrarien zu liefern, lieber auf die vielen Bücher, besonders die

Terrarium Typ I

Baumlebenden Echsen bietet man ein hohes Terrarium mit reichlich Klettermöglichkeiten. Kragenechsen wurden in dem im Text zitierten Gutachten nicht ausdrücklich erwähnt. Die Mindestmaße eines Terrariums für *Chlamydosaurus kingii* halten wir mit 130 cm × 100 cm × 200 cm (L × B × H) für ausreichend. Eingewöhnten großen Tieren erlauben wir zusätzlich gelegentlich einen Zimmeraufenthalt.

Terrarium Typ II

Den kleineren Agamen, wie z.B. *Pogona henrylawsoni*, die überwiegend bodenbewohnend sind, bietet man trotz bescheidener Kletterkünste eine zweite Ebene im Terrarium. Daher sollte dieser Terrarientyp nicht zu flach ausfallen.
100 cm × 80 cm × 60 cm (L × B × H) halten wir für angemessen.

Alle Zeichnungen: M. Schiberna

Terrarium Typ III

Alle übrigen, größeren Bartagamen, wie z. B. *Pogona vitticeps*, benötigen unserer Meinung nach ein Terrarium mit den Mindestmaßen 150 cm × 80 cm × 80 cm (L × B × H).

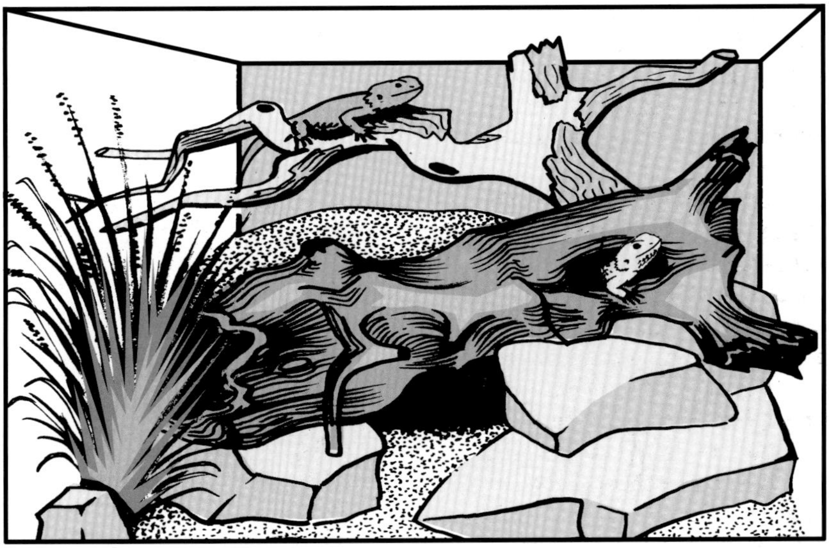

Neuerscheinungen, verweisen, die sich ausführlich mit diesen Themen befassen. Jede Buchhandlung kann Bücher zu einem bestimmten Themenkreis besorgen (auch zur Ansicht). Dazu kommen noch die Fachzeitschriften, die ebenfalls weiterhelfen können. Büchereien und Bibliotheken besorgen über die „Fernleihe" (fast) jedes Buch zum Ausleihen oder einen Zeitschriftenartikel als Kopie.
Die speziellen Angaben zur Haltung und Zucht von Kragenechsen und Bartagamen haben wir in die Kapitel eingearbeitet, in denen die Arten einzeln vorgestellt werden.
Zum besseren Verständnis haben wir uns auf drei Terrarientypen festgelegt, in denen die von uns vorgestellten Tiere untergebracht werden können.
Die Terrarientypen I, II und III sind lediglich Vorschläge der Autoren. Wir haben allerdings hier schon die Vorgaben aus dem Gutachten über Mindestanforderungen an die Haltung von Reptilien vom 10. Januar 1997 eingearbeitet. Das Gutachten wurde erstellt im Auftrag des Bundesministeriums für Ernährung, Landwirtschaft, und Forsten, Referat Tierschutz, Bonn (siehe auch Kapitel Schutzbestimmungen und Mindestanforderungen, S.87)

3. Die Gattung *Pogona* Storr, 1982

3.1 Allgemeines

Bartagamen sind sowohl in unseren Terrarien als auch in ihrer Heimat sehr populäre Echsen. Bis auf den extremen Norden und äußersten Südosten sind sie in ganz Australien verbreitet. Das von Sprenkels (1990) beschriebene Vorkommen auf Tasmanien beruht sicherlich auf einem Informationsfehler, dort gibt es keine Bartagamen.

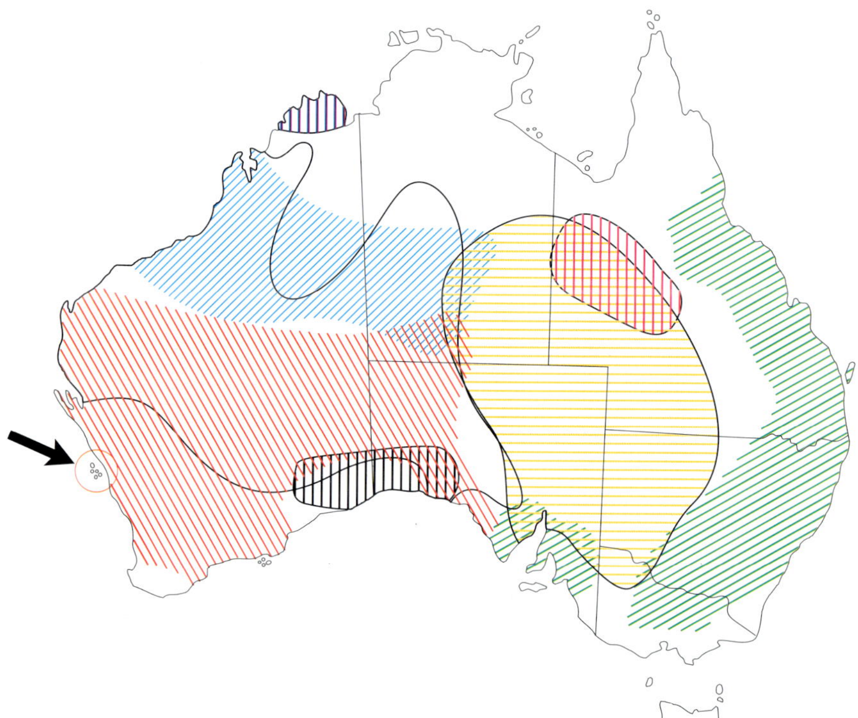

Verbreitung der 8 *Pogona*-Arten

Pogona minor

Pogona vitticeps

Pogona mitchelli

Pogona barbata

Pogona henrylawsoni

Pogona nullarbor

Pogona microlepidota

Pogona minima

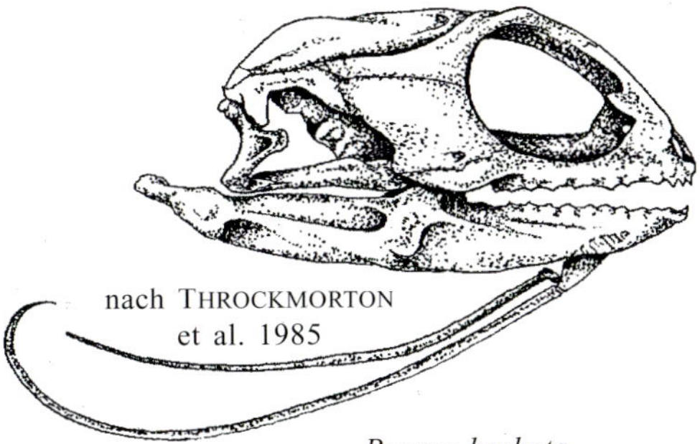

Pogona barbata
Schädel und Zungenbeinapparat

Pogona vitticeps mitten auf der Straße.
Foto: A. Hauschild

Diese auffälligen Echsen waren schon lange als besonderer Gattungskomplex bekannt und wurden früher als *Amphibolurus barbatus*-Gruppe eingestuft (BADHAM 1976). Vor gut fünfzehn Jahren wurden sie in einer selbständigen Gattung *Pogona* STORR, 1982 zusammengefaßt. Das Wort „Pogon" stammt aus dem Griechischen und bedeutet „Bart", „barbatus" ist lateinisch und heißt „bärtig". Sowohl der umgangssprachliche als auch der wissenschaftliche Name weisen also auf die dunkelfarbige Kehle mit ihren rauhen Schuppen hin. Aufgebläht hat sie dann viel Ähnlichkeit mit einem Bart. Die meisten Arten blähen den „Bart" bei Furcht und Aggression auf. Wahrscheinlich soll dies Feinde oder rivalisierende Artgenossen einschüchtern. Die Hälfte der *Pogona*-Arten (*P. minor, P. minima, P. microlepidota* und *P. henrylawsoni*) ist nicht in der Lage, den „Bart" so eindrucksvoll aufzustellen wie die restlichen vier Vertreter.

Pogona-Arten sitzen gern auf erhöhten Plätzen, um ihr Territorium zu überwachen. Im Osten Australiens sieht man im Frühjahr sehr häufig Einzeltiere der großen östlichen Arten *P. barbata* und *P. vitticeps*. Sie bevorzugen Lebensräume mit lockerem Baumbestand, oftmals Eukalyptus-Savannen (KÄSTLE 1973). Sie sitzen auch auf Pfosten, Telefonmasten und Termitenhügeln. Die erwachsenen Männchen mit der glänzend schwarzen Kehle fallen besonders auf. Beide Arten lieben Sonnenbäder auf asphaltierten Straßen. Oft müssen sie dafür mit dem Leben bezahlen. Während unseres Australienaufenthaltes haben wir oft unser Auto angehalten und sind ausgestiegen, um die Tiere von der Straße zu scheuchen. Sie zeigten keinerlei Reaktion, au-

Pogona vitticeps mit Carolin Hauschild.
Foto: A. Hauschild

ßer daß sie sich flach auf den Boden preßten. Und wenn sie einmal wegrennen, dann sind es nur wenige Meter, nach denen sie sich ins Gras oder Gebüsch ducken. Man kann sie aufheben und wegtragen – Minuten später kehren sie zurück und legen sich wieder platt auf die Straße. Eine besondere Methode des Wassertrinkens hat FITZGERALD (1983) an *Pogona* beobachtet. Das Tier hat sich im Regen aufgerichtet und den Rücken von hinten nach vorne so gebeugt, daß das Wasser vom Rücken zum Kopf läuft. Von dort leckt es das Wasser auf, das sich an der Schnauzenspitze sammelt. In Gefangenschaft können Agamen aber problemlos aus einem Wassernapf trinken. Die Behauptung von ZWINENBERG (1977a), daß Bartagamen fast nie trinken, scheint übertrieben. Auch der Erstautor beobachtete morgens eine *P. vitticeps* nahe Broken Hill/NSW, die Tautropfen von Blättern leckte. Bei einer anderen Gelegenheit entdeckte er ein großes Exemplar, das aus einer Regenpfütze trank. Bartagamen können sicherlich längere Zeit auf Wasser verzichten. Sie decken ihren Flüssigkeitsbedarf aus saftigen Pflanzen und bei jeder sich bietenden Gelegenheit durch die Aufnahme von Tau oder Regenwasser.

Die großen *Pogona*-Arten werden schnell zahm. Sie gestatten es, daß man sie in die Hand nimmt. Obwohl es sich bei Bartagamen um große, auffällige Tiere handelt, die zahlreich vorkommen und sich leicht fangen und eingewöhnen lassen, haben wir nur unvollständige Kenntnisse ihrer Biologie. Man hält sie unter wissenschaftlicher Kontrolle in Laboratorien, um ihre Anatomie, das Verhalten und die Physiologie zu studieren. Private Terrarianer beobachten und züchten erfolgreich Bartagamen. Es fehlen aber alle möglichen Beobachtungen aus freier Wildbahn. Sollte sich jemals eine australische Echsenart für eine gründliche Freilandbeobachtung empfehlen, dann eine große *Pogona*-Art.

Größe, Gestalt und Färbung

Die Gesamtlänge der kleinsten Art (*P. henrylawsoni*) beträgt ca. 30 cm, die größte Art (*P. barbata*) mißt ca. 60 cm. Es gibt Ausnahmen, von denen noch extremere Maße bekannt wurden. Bartagamen gehören damit zu den großen

Schematische Darstellung der Stachelschuppen und der Kopfform bei der Gattung ***Pogona***
Zeichnungen: M. Becker

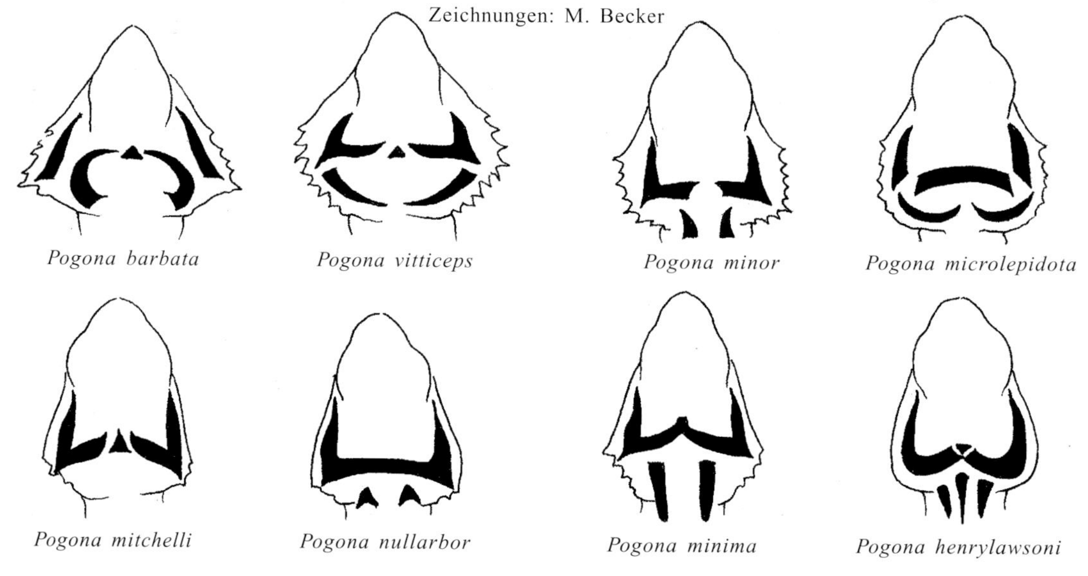

Vertretern ihrer Familie. Der Schwanz macht etwa die Hälfte der Gesamtlänge aus. Die Vorder- und Hinterbeine sind kurz und kräftig ausgebildet. Die Zehen tragen verhältnismäßig kurze Krallen. Der gedrungene, kräftige Körper ist dorsoventral abgeflacht. Braun- und Grautöne dominieren, lokale Färbungsvarianten zeigen kräftige Farben wie Gelb, Orange oder Rot. Die Oberseite des Körpers ist mit einer rautenförmigen Zeichnung versehen. Sie wird von abwechselnd kleinen und großen Schuppen bedeckt. An den Flanken sind Längsreihen von Stachelschuppen angeordnet. Bauch und Brust sind einfarbig weiß mit einem Ocellenmuster. Der Kopf ist breit und dreieckig geformt, der Hals kurz. Im Nacken und auf dem Hinterkopf befinden sich Stachel- und Körnerschuppen. Sie sind bei Bartagamen artspezifisch ausgebildet. Anhand dieser Schuppen ist eine sichere Artbestimmung möglich (BADHAM 1976). Zwischen Auge und Ohröffnung verläuft meist ein dunkler Streifen, gelegentlich auch ein roter bzw. orangefarbener Augenzügel. Die ovale, manchmal auch dreieckige Ohröffnung ist gut sichtbar. Die Mundschleimhäute sind gelb. Auf den Schultern befinden sich beiderseits je ein dunkler Fleck und eine Anhäufung von Stachelschuppen. Der Schwanz ist nicht besonders lang. Von der Schwanzwurzel abwärts befinden sich seitlich mehrere Reihen Stachelschuppen. Auf der Oberseite des Schwanzes ist eine breite, oft nur schwach ausgeprägte Bänderung sichtbar. Der Schwanz ist nicht zur Regeneration befähigt.

Geschlechtsunterschiede

Die Männchen können bei Erregung Kehle („Bart") und Schwanzspitze tiefschwarz färben, was den Weibchen nur ansatzweise möglich ist. Wie so oft bei Echsen ist ein großer, breiter Kopf nicht ausschließlich Männersache, auch Weibchen haben manchmal einen massiven Schädel. Die Hemipenistaschen sind bei den Männchen bereits ab dem dritten Monat so gut ausgeprägt, daß eine äußerliche Geschlechtsbestimmung möglich ist. Die Technik von SPRENKELS (1990), der den Schwanz seiner adulten Bartagamen von links nach rechts hin und her dreht, damit sich beim Männchen Hemipenistaschen abzeichnen, können wir so nicht empfehlen. Ganz ohne Manipulation kann man die Geschlechter durch einen Blick auf die Unterseite der Schwanzwurzel erkennen. Man biegt den Schwanz vorsichtig und ohne besonderen Kraftaufwand mit der Schwanzspitze in Richtung des Hinterkopfes, wobei an der Schwanzwurzel des Männchens deutliche Verdickungen sichtbar werden, die beim Weibchen fehlen.

Altersbedingte Variationen

Jungtiere entsprechen in ihrem Äußeren, besonders in Farbe und Zeichnung, ganz den Erwachsenen. Einzig ihre Proportionen sind anders: der Körper ist kleiner, der Kopf größer. Das ändert sich während des Wachstums in den ersten sechs Monaten. Bei *P. barbata* unterscheidet sich die Kopfzeichnung der Jungtiere von jener der Adulti.
Bei der Artunterscheidung spielt die Ausbildung der Ohröffnung eine wesentliche Rolle. WITTEN & COVENTRY (1990) weisen aber darauf hin, daß sich die Form der Ohröffnung bei einigen Exemplaren während des Wachstums verändern kann. Junge *P. vitticeps* aus der Big Desert, Victoria, besitzen eine kreisrunde Ohröffnung. Erwachsene Tiere haben später eine oval ausgebildete Ohröffnung. HENLE (pers. Mitt.) machte uns darauf aufmerksam, daß Jungtiere von *P. vitticeps* in ihrem östlichen Verbreitungsgebiet wesentlich heller und kontrastreicher gezeichnet waren als die ausgewachsenen Tiere.

Nahrung

Bartagamen sind Ansitzjäger, die alles fressen, was sie von der Größe her überwältigen können. Neben verschiedenen Wirbellosen stehen kleine Wirbeltiere einschließlich eigener Artgenossen auf dem Speiseplan. Frösche und Jungvögel gehören ebenfalls zum Beutespektrum. Mit 50 % ist der pflanzliche Nahrungsanteil recht hoch (ZWINENBERG 1977b). Früchte, Blüten und Blätter werden je nach Saison verspeist. Gelbe Blüten werden dabei bevorzugt. KENNERSON & COCHRANE (1981) berichten von einem Futterspezialisten, den sie pflegten. Eine elf Monate alte *P. vitticeps* fraß an einem Tag 109 Löwenzahnblüten!

Im Terrarium bieten wir Chicorée, Chinakohl, Endivien- u. Eissalat, Löwenzahn, Obststücke und geraspelte Mohrrübe, Sellerie und Zucchini. Dosenfutter für Katzen wird verschmäht, einzelne Individuen akzeptieren aber Fleischstückchen. Für solche Fälle gilt: ganz mageres Fleisch wählen und dieses Ergänzungsfutter nur selten anbieten.

Die beste Erfahrung haben wir mit dem Verfüttern von Argentinischen Schaben (*Blaptica dubia*) und Heuschrecken wie *Locusta migratoria* gemacht. Daneben empfehlen wir noch Grillen, Heimchen, *Zophobas* und kleine Gehäuseschnecken, z.B. Schnirkelschnecken. SCHAFER (1979) fütterte ihre Bartagamengruppe im San Diego Zoo häufig mit Pflanzlichem wie Papaya, Erbsen, Grünen Bohnen, Hibiskus- und Löwenzahnblüten. KLINGELHÖFFER (1957) beobachtete *P. barbata* beim Fang eines Molchs, den die Agame aus einer 3 cm tiefen Wasserschüssel erbeutete und anschließend fraß. JOHN (1968) verfütterte kleine Frösche und Kröten, was wir heute grundsätzlich ablehnen. Bei HENDERSON (1992) akzeptierten *P. vitticeps* als Futter auch Tintenfischstücke. Seine Gourmets verschmähten dagegen alle angebotenen Früchte und Gemüsesorten.

Natürliche Feinde

Gegen Raben, Krähen, Falken, Adler, Warane und Schlangen mußten sich Bartagamen von jeher verteidigen. Mit dem Einzug der menschlichen „Zivilisation“ sind Füchse, verwilderte Hunde, Katzen und Kraftfahrzeuge hinzugekommen. Gegen letztere haben sie überhaupt keine Chancen. Man schätzt für ganz Australien 20.000 überfahrene Bartagamen pro Jahr (WELLS, pers. Mitt.). ZWINENBERG (1977a) nennt als potentiellen Jäger den „Lachenden Hans“ (*Dacelo gigas*), einen großen Eisvogel, den die Australier „Kookaburra“ nennen. Dieser Autor weiß auch von einer verendeten Riesenschlange (*Morelia spilota*) zu berichten, die zuvor eine erwachsene Bartagame gefressen hatte. Ihre Kehle war durch die Hautstacheln der Agame so verletzt worden, daß sie innerlich verblutete.

Fortpflanzung

Bartagamen weisen eine zyklische Reproduktionsbiologie auf. Sie sind einer festen Jahresrhythmik unterworfen; die günstigste Fortpflanzungszeit liegt im australischen Frühjahr. Der Paarung geht ein komplexes Balzverhalten voraus, das KINGHORN (1931) und auch SCHMIDA (1968) sehr anschaulich beschreiben. Das Männchen imponiert zunächst mit Bartspreizen und Kopfnicken in Richtung des Weibchens. Seine Vorderbeine knicken immer wieder ein (sog. „Liegestütze“), das Kopfnicken wird verstärkt. Das Weibchen antwortet seinerseits durch ein Absenken des Oberkörpers und legt den Kopf platt auf den Boden. Das Männchen beginnt dann mit hoch aufgerichtetem Körper, sich auf spiralförmiger Bahn um das Weibchen zu bewegen. Letzteres hebt und senkt den Kopf in seine Richtung. Dieser Aufforderung kommt das Männchen spontan nach und nähert sich der Partnerin seitlich. Es setzt zu einem Biß an, der im Nacken plaziert ist. Ist dieser Biß fest genug und läßt das Weibchen den Partner gewähren, versucht das Männchen seinen Körper auf den des Weibchens zu schieben. Dann rutscht es zu der Seite herunter, die der Bißseite abgewandt ist. Mit dem Hinterbein streicht es immer wieder über den Rücken des Weibchens, bis dieses den Schwanz anhebt, um dem Männchen die Möglichkeit zur Kopulation zu bieten.

Die Männchen paaren sich auch mit mehreren Weibchen. Eiablagen erfolgen drei bis viermal nacheinander, vom Ende des Frühjahres bis in den Sommer hinein. Im Herbst, wenn sich viele reife

Früchte anbieten, nehmen die Agamen vermehrt Nahrung zu sich. Am Ende dieser Jahreszeit suchen sie einzeln ihr Winter- bzw. Ruhequartier auf und verbleiben dort bis zum Frühjahr.

Tragzeit und Eiablage

Einmal befruchtet, können die Weibchen nicht nur ein, sondern zwei bis drei weitere Gelege in einem Jahr produzieren. Sie sind zur Samenspeicherung befähigt. Diese Information ist uns aus der Gefangenschaftshaltung bekannt (pers. Beobachtung bei *P. vitticeps*). Auf Nachfrage bestätigten dies MOUWENS/Jüchen auch für *P. mitchelli* und SCHUSTER/Roßdorf für *P. henrylawsoni, P. vitticeps* und *P. minor*. Sie hatten zu Beginn der Paarungszeit nur einmal ein Männchen mit einem Weibchen vergesellschaftet. Das jeweilige Weibchen produzierte mehrere Gelege hintereinander, aus denen vitale Jungtiere schlüpften.

Die Tragzeit dauert maximal sechs Wochen. Je näher der Tag der Eiablage heranrückt, desto praller zeichnen sich die Eier im Hinterleib des Weibchens ab. Nun ändert sich auch sein Verhalten. Es frißt gieriger als sonst, steht oft aufrecht, den Kopf im Nacken, und atmet beschwerlich. Die Eier im Bauch drücken nämlich auch auf die Atmungsorgane. Der Ablagezeitpunkt steht kurz bevor.

Ende des Frühjahrs bis Anfang des Sommers werden die ersten Eier gelegt. Vor der Eiablage gräbt das Weibchen probeweise an einigen möglichen Ablageplätzen. So testet es an mehreren Tagen hintereinander verschiedene Stellen, um sich dann für den geeigneten Ort zu entschei-

Oben:
Pogona vitticeps, ♀ gräbt.

Mitte:
Pogona vitticeps, ♀ setzt Eier ab.

Unten:
Pogona vitticeps, Nachzucht im Ei.

Alle Fotos: H. Bosch

den. Das Weibchen legt acht bis 35 (EHMANN 1992), nach einer Abbildung in SHINE (1991) sogar 40 Eier, die ca. 25-40 cm tief im Boden vergraben werden. Anschließend deckt es die Ablagestelle wieder zu, Vorder- und Hinterbeine schieben den Aushub wieder zurück. Die Agame rammt mit Kopfstößen den Boden fest, so daß mehrere Schichten Bodensubstrat nacheinander verdichtet werden.

Zeitigung und Schlupf

Informationen aus dem Freiland liegen uns hierzu nicht vor. Terrarienbeobachtungen zufolge beträgt die durchschnittliche Zeitigungsdauer 85 Tage. Die Eier werden bei 27° C und mindestens 95 % Luftfeuchte im Inkubator gezeitigt. Als Brutsubstrat hat sich bei uns grobes Vermiculite besser bewährt als Perlite. Wir verwenden kleine, durchsichtige Plastikdosen. Hier werden die Eier einfach in das leicht feuchte, grobe Vermiculite gebettet und dann in den Inkubator gestellt. Ob Motorbrüter, Jäger-Kunstglucke oder selbstgebaute Modelle – jeder hat hier seine eigenen Vorlieben. Ausführliches hierzu findet sich bei KÖHLER (1997).

Die weichschaligen Eier vergrößern sich durch Feuchtigkeitsaufnahme und nehmen an Gewicht zu, bis die Jungen schlüpfen. Wenige Tage vor dem Schlupf verfärben sich die Eier graublau. Feuchtigkeitströpfchen treten auf der Schalenoberfläche aus. Kurz darauf sieht man erste Eihautschnitte, die die kleinen Bartagamen mit ihrem Eizahn gesetzt haben. Aus diesen feinen Schnitten kann Flüssigkeit austreten. Später durchstoßen die Schlüpflinge die Eischale mit kräftigen Streckbewegungen, stecken den Kopf heraus und beginnen zu atmen. In dieser Stellung verharren sie Stunden oder Tage, denn dieser Vorgang ist sehr anstrengend. Wir entnehmen die Jungtiere und setzen sie einzeln in luftdurchlässige Plastikdosen. Den Boden bedecken wir mit einem sauberen Fließpapier, das wir leicht anfeuchten. Nun kann das Jungtier in aller Ruhe seinen Restdotter resorbieren. Nach zwei Tagen kontrollieren wir, ob die Bauchdekke verschlossen ist. Nun können wir das Junge in einem größeren Glas- oder Plastikbecken unterbringen. Die Jungtiere werden in 5er- oder 6er-Gruppen auf mehrere Behälter aufgeteilt, was besonders bei *P. vitticeps* keine Probleme bereitet. Bei *P. barbata* ist es dagegen unbedingt ratsam, die Jungen einzeln aufzuziehen. Die Tiere gehen sehr aggressiv mit ihresgleichen um. WINNER/Waldkirch verlor durch innerartliche Aggression in wenigen Tagen drei Jungtiere seiner neu erworbenen 6er-Gruppe.

Aufzucht der Jungtiere

Die Einrichtung der Aufzuchtbehälter sollte aus hygienischen Gründen möglichst einfach ausfallen. Wir empfehlen rundkörnigen Sand bzw. feinen Aquarienkies als Substrat. Als Einrichtung dient ein Ast oder ein Stück Holz. Dieser Einrichtungsgegenstand sollte keine exponierte Spitze haben, damit nicht von Anfang an Rangkämpfe entstehen. Besser ist eine Baumscheibe als zweite Ebene im Behälter, auf der mehrere Jungtiere nebeneinander Platz haben. Es ist kaum zu glauben, wie schnell Rangordnungen entstehen und bereits in diesem Jugendstadium erbittert ausgefochten werden. Ein permanent düster gefärbtes Jungtier muß schnell einzeln gesetzt werden. Dasselbe gilt für solche, die mit erhobenen Vorderbeinen in einer Ecke stehen, meist auch noch mit geschlossenen Augen! Diese Verhaltensmuster sind Signale von Unterdrückten. Trennt man sie nicht auf Dauer von den anderen, so gehen sie am Streß ein. Manchmal genügt es, wenn man sie ein bis zwei Wochen einzeln hält, gut füttert und dann (versuchsweise) wieder mit den anderen vergesellschaftet. Falls die Rangkämpfe um einen erhöhten Sitzplatz nicht nachlassen, muß das Holzstück entfernt werden. Dann stehen alle auf der gleichen Ebene und stellen zwangsläufig die Rangeleien ein. Außerdem ist es natürlich wichtig, daß die Individuen etwa gleich groß sind, sonst sind Probleme vorprogrammiert. Diese äußern sich z.B. wie

bei SPRENKELS (1990), bei dem gestreßte Jungtiere im Wachstum stagnierten und plötzlich ideal ins Beuteschema ihrer mehr als doppelt so großen Geschwister paßten.
Nicht zu vergessen ist auch ein Sichtschutz gegenüber anderen Behältern. In zwei sich gegenüberstehenden, einsehbaren Terrarien stressen sich die Tiere mehr oder weniger offensichtlich. Das wird selten vom Halter wahrgenommen, führt aber auf Dauer zum Tod der schwächeren Tiere. Daher sieht man bei vielen erfolgreichen Bartagamen-Züchtern mehrseitig abgeklebte Aufzuchtbehälter, die Sichtkontakt ausschließen. Ein Strahler, der über dem Sonnenplatz angebracht ist, sollte es den Tieren ermöglichen, sich auf ca. 33° C zu erwärmen. Eine flache Wasserschale rundet die simple Einrichtung ab. Apropos Wasser: Wir haben sehr gute Erfahrungen damit gemacht, unsere Tiere zu baden. Das geht in einer großen Wasserschale im Terrarium, besser jedoch außerhalb, z. B. in der Badewanne (falls der Ehepartner kein Veto einlegt). Einzeln werden die Agamen in ca. 25° C warmes Wasser (in dem die Tiere stehen können müssen) gesetzt, dem wir ein flüssiges Vitaminpräparat zugesetzt haben. Anfangs liegt die Echse wie apathisch in dem Naß, dann trinkt sie lange und ausgiebig. Wenige Minuten später wandelt sich die Szene zum puren Badespaß: das Tier taucht unter Wasser, dreht sich mehrmals im Kreis und kratzt mit den Hinterbeinen abwechselnd die linke und rechte Kopf- und Halspartie. Dann paddelt sie auf einmal mit allen Vieren und schwimmt mit am Körper angelegten Beinen schwanzschlagend bis zum Ende der Wanne. Man sieht es den Agamen regelrecht an, daß das Baden ihnen angenehm ist. Danach trocknen wir jedes Tier ab und setzen es unverzüglich in sein Terrarium zurück. Unsere guten Erfahrungen mit dem Baden der Tiere spiegeln sich z.B. in vollständigen Häutungen wider. Auch VAN STEIJN (1989) berichtet davon, daß sich Bartagamen problemlos häuten, wenn er sie einmal pro Woche badet. Er hat sie nie im Terrarium aus der Wasserschale trinken sehen - brauchen sie auch nicht, denn sie trinken garantiert beim wöchentlichen Bad.
Pflanzen im Aufzuchtterrarium sind entbehrlich. Alle paar Tage streuen wir feingeraspelte Sepiaschale auf den Boden, die die Jungtiere gerne aufpicken. Als Futter bieten wir Grillen, Heuschrecken, Schaben, Mehlwürmer, *Zophobas*, Fliegen, Motten und Raupen an. Allgemein gilt, daß nur qualitativ hochwertiges Futter den Jungtieren guttut. Das heißt für uns, gekaufte Futtertiere vor dem Verfüttern erst einmal aufzupäppeln. Pflanzliches, z.B. Tomaten, Salat, Vogelmiere, Löwenzahn u.a. sollten wir ebenfalls gleich anbieten. Das Grünzeug schneiden wir besonders klein. Wir haben festgestellt, daß dann größere Mengen verspeist werden, als wenn grobes Futter angeboten wird. Außerdem mogeln wir dem Kleingeschnittenen besser Vitamine und Mineralstoffe unter, die man Jungtieren verstärkt verabreichen sollte. Deswegen wird jede Nahrung (Insekten wie Pflanzliches) vor der Fütterung mit z.B. Korvimin ZVT (erhältlich beim Tierarzt) eingestäubt. Wichtig: Vitamine müssen kühl, also im Kühlschrank aufbewahrt werden, nicht etwa auf dem Lampenkasten! Die Wichtigkeit der Vitamin- und Mineralstoffgaben soll man nicht unterschätzen, besonders bei Jungtieren entstehen rasch Mangelkrankheiten wie Knochenstoffwechselstörungen (Rachitis, Osteoporose).
Auf die Bedeutung von UV-Bestrahlung wollen wir hier nicht näher eingehen. Daß UV-Bestrahlung unseren Pfleglingen zugute kommt, ist ohne Zweifel richtig. Zudem erzielt man mit UV-Lampen Helligkeiten, bei denen die Echsen sehr aktiv sind. Letztendlich gilt aber immer noch eine alte Grundregel: Zusätzlich zur künstlichen Beleuchtung empfiehlt es sich, den Tieren möglichst viel ungefiltertes Sonnenlicht anzubieten. Der Rat aus terraristischen Allgemeinwerken, die Tiere zweimal wöchentlich für fünf Minuten mit einer „Ultra Vitalux"-Lampe aus 1 m Abstand zu bestrahlen, bleibt allerdings Stückwerk: Das

Pogona vitticeps, frisch geschlüpfte Nachzucht. Foto: A. Hauschild

Pogona vitticeps, Nachzucht. Foto: A. Hauschild

Abstandsmaß und die zweifache wöchentliche Anwendung sind unseres Erachtens sinnvoll. Nicht aber die nur fünf Minuten dauernde UV-Bestrahlung. Nach dieser Zeit entfaltet dieser Lampentyp gerade erst sein UV-Spektrum. Und dann würde ja schon abgeschaltet! Besser sind zehn Minuten, die man allmählich auf 30 Minuten steigert.

Die Jungtiere kommen so oft es geht (Sonnenwetter) in einem oben offenen, transportablen Kunststoffbehälter nach draußen. Sie verbleiben dort einige Stunden auf der Terrasse oder im Garten unter Aufsicht, auch mit der Möglichkeit, in den Schatten auszuweichen. Mit einem quer verlegten Brett auf dem Behälter schafft man schon ein Schattenplätzchen. Dabei ist natürlich darauf zu achten, daß sich die Temperaturen in dem Behälter nicht zu sehr aufheizen können!

Die Jungtiere können bereits nach einem Jahr geschlechtsreif sein. Wir propagieren eine paarweise Haltung, es funktioniert aber auch eine Konstellation aus einem Männchen und zwei oder drei Weibchen. Falsch sind die Aussagen von KARBE et al. (1991), BECH & KADEN (1990) und JES (1987), daß man bei Bartagamen getrost mehrere Männchen in einer Gruppe vergesellschaften kann. Gewiß gehen immer erst beschwichtigende Interaktionen voraus, dann aber kommt es garantiert zu aggressiven Handlungen und Verletzungen der Männchen.

3.2 Artenbeschreibungen

3.2.1 *Pogona barbata* (CUVIER, 1829)

Agama barbata CUVIER, 1829: 35
Pogona barbata STORR 1982: 201

Östliche Bartagame

Beschreibung

Größe: KRL 25 cm, SL 30 cm, GL 55 cm, ausnahmsweise auch 75 cm. Solch ein riesiges Exemplar („Karl") unbekannten Fundortes befand sich im Besitz von SCHUSTER. Auch SWANSON (1976) beschreibt ein so großes Tier.

Körperform: *Pogona barbata* ist schlank gebaut und zeigt lange, besonders ausgeprägte Stachelschuppen. An den Flanken finden sich davon vier Reihen. Der Kopf wirkt breit, das Tympanum ist dreieckig.

Färbung und Zeichnung: Diese Bartagame ist dunkel gefärbt, meist grau mit schwarz. Melanistische Formen sind nicht selten (JENKINS & BARTELL 1980). Auf dem Rücken befindet sich ein helles Rautenmuster. An den Flanken, den Zehen und im Schwanzbereich sind gelbe Flekken sichtbar. Die Mundschleimhaut ist leuchtend gelb gefärbt. Männchen von *Pogona barbata* präsentieren einen tiefschwarzen „Bart". Ein dunkler Augenzügel befindet sich zwischen Auge und Tympanum. Die Jungen besitzen eine arttypische Kopf- und Rückenzeichnung (HOUSTON 1977), die mit zunehmendem Alter verschwindet. Bei der Kopfzeichnung handelt es sich um drei, manchmal nur zwei rundliche graue Flecken auf der Schnauzenspitze. (siehe Abb. der Schlüpflinge S. 35)

Unterschiede zwischen *P. barbata* und *P. nullarbor*: *P. barbata* wird deutlich größer als *P. nullarbor* und ist unauffälliger gefärbt und gezeichnet. Beide kommen in Südaustralien vor, bewohnen aber voneinander getrennte Areale, die sich nicht überschneiden.

Vorkommen

P. barbata kommt im Osten Australiens in einem breiten Streifen von der Küste bis ca. 150 km ins Landesinnere vor. Südlichste Verbreitungsgrenze ist Bega, das westlichste Vorkom-

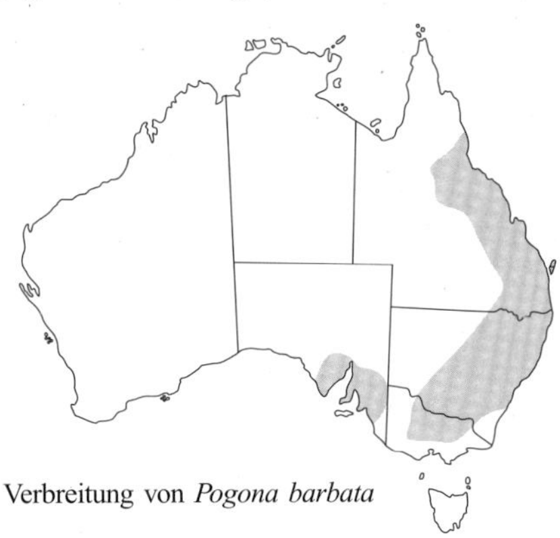

Verbreitung von *Pogona barbata*

men in Adelaide und der nördlichste Fundort ist Cooktown. Auf der Eyre Peninsula und in den Mt. Lofty-Bergen gibt es außerdem zwei isolierte Populationen.
Damit ist die Art in den Bundesstaaten Queensland, New South Wales, South Australia und Victoria nachgewiesen, in letzterem tritt sie am seltensten auf (JENKINS & BARTELL 1980).

Biotop und Freilandbeobachtungen
Pogona barbata, in Australien umgangssprachlich auch als Östliche Bartagame bekannt, ist

sehr anpassungsfähig. Sie bewohnt sowohl tropische Baumsteppen als auch kühl temperierte Busch- und Baumzonen. Trockenwälder mit Eukalyptusbäumen, Akazien, Südbuchen und Savannen mit hohem Grasbewuchs stellen Lebensräume für die Agamen dar. Schließlich sind sie im Lauf der Jahre zu Kulturfolgern geworden. Aufgrund expandierender Besiedlung und Bodenbewirtschaftung trifft man sie auch im landwirtschaftlich genutzten Gelände an. SCHIBERNA beobachtete *P. barbata* am Stamm einer Palme (*Livistona australis*) in einem Vorort von Brisbane. DALE (1973) bezeichnet die Bartagame in Brisbanes Vororten als häufig. Dort kann man sie in den Gärten beim Fressen von Löwenzahn- und Kleeblüten beobachten.

Pogona barbata Foto: B. Mailloux und der Biotop: Mallee und Triodia, 800 km westlich von Sydney. Foto: U. Peters

Aufgrund des Klimas müssen die Echsen im Nordosten ihres Verbreitungsgebietes reichliche Niederschläge bei fast konstanten Temperaturen verkraften. Im Südosten wird es im Winter zwischen Juni und September relativ kalt und regnerisch. In der Umgebung von Sydney und im Südosten Queenslands fällt sogar Schnee; im Sommer ist es dort tagsüber warm bis heiß, in den Nächten kühl. Zur Überwinterung vergräbt sich *P. barbata* im Erdreich und verschließt von innen den selbstgegrabenen Erdtunnel (RANKIN 1977).

Fortpflanzung in der Natur

Im Frühling erfolgt die Paarung. Trächtige Weibchen findet man von Oktober bis Februar. Das bedeutet, daß mehrere Gelege pro Saison abgesetzt werden. Ein Gelege, das vom Weib-

***Pogona barbata*,** Schlüpflinge. Foto: U. Peters

chen zumeist abends in einem selbstgegrabenen Erdloch abgesetzt wird, kann bis zu 35 Eier umfassen (EHMANN 1992). Anschließend wird die Stelle zugeschaufelt. Bereits nach 61 Tagen können Jungtiere schlüpfen (EHMANN 1992), andere Autoren geben eine Dauer von 90 Tagen an (JENKINS & BARTELL 1980). NEUGEBAUER (1972) konnte in der Stuttgarter Wilhelma bereits nach 42 Tagen Inkubationszeit *P. barbata*-Nachzuchten vorstellen, PETZOLD (1982) unterbot diesen kurzen Zeitraum mit nur 28 Tagen Inkubationszeit noch. SMITH & SCHWANER (1981) bemerkten unter künstlichen Inkubationsbedingungen, daß sich das Eivolumen bei *P. barbata* von der Ablage bis zum Schlupf der Jungen um 90 % vergrößert. In Südaustralien legt *P. barbata* das erste Gelege spät im Oktober, die nächste beobachtete Eiablage findet im November/Dezember statt. Bei Vergleichen mit der ebenfalls in Südaustralien vorkommenden *P. nullarbor* ergab sich für *P. barbata*-Schlüpflinge eine ca. 5 mm größere KRL.

Terrarienhaltung

Terrarium Typ III.

Zur Unterbringung eignet sich hervorragend ein zum Terrarium umgebautes Lagerregal (HAUSCHILD & GASSNER 1995). Das Grundgerüst bildet ein Lagerregal (erhältlich z.B. in Baumärkten), bestehend aus verzinkten Lochwinkelprofilen mit eingeschraubten Stahlfachböden. Die Regalhöhen sind unterschiedlich und individuell einstellbar, ebenso auch die Länge des Regals (z.B. durch Anbauelemente). Nur die Tiefe der Einlegeböden ist vorgegeben. Das kann zu Problemen führen, denn die gängigen Größen liegen bei 30 oder 40 cm; noch tiefer ist dann auch gleich viel teurer. Die Seiten- und Rückwände kann man mit 19 mm starken, kunststoffbeschichteten Preßspanplatten verkleiden, bes-

Tabelle 1 – Haltungserfahrungen verschiedener Terrarianer bei der Zucht von *Pogona barbata*.

	Züchter			
	WINNER	**SCHUSTER**	**STÖSSL**	**VAN TEGELE**
St.-Zahl	1,3	2,2	1,3	1,1
Alter	7 Jahre	1-8 Jahre	1-5 Jahre	3 Jahre
Futter (vegetarisch)	20 %, (3 x tgl.)	20%	20%	40%
Futter (animalisch)	80 %, (3 x tgl.)	80%	80%	60%
extra UV-Bestr.	7 x /Woche	permanent *	permanent *	permanent *
UV-Bestr.-Dauer	30 Min.	permanent *	permanent *	permanent *
Winterruhe	6 Wochen	4-8 Wochen	13 Wochen	6 Wochen
Gelege/Saison	bis 6	2	bis 5	3
Eizahl/Gelege	8-25	17-25	20-32	18-25
Inkub.-Temperatur	28° C	26,4°-28° C	27,5° C	30° C
Inkub.-Substrat	Vermiculite	Vermiculite	Vermiculite	Vermiculite
Inkub.-Dauer	60 Tage	63 Tage	67-70 Tage	60-70 Tage
Schlupfrate	65%	98%	98%	85%
Futteraufnahme ab	2. Tag	3. Tag	3. Tag	3. Tag
Jungtiere/Becken	bis 25 Tiere	1-2 Tiere	bis 30 Tiere	1 Tier
Geschlechtsbest. ab	3. Monat	ab 1. Tag	ab 8. Tag	2. Monat

* permanent bedeutet, daß Beleuchtungskörper installiert sind, die eine Extra-UV-Bestrahlung nicht notwendig machen. Mit 80 W oder 125 W HQL-Lampen im Terrarium erreicht man beispielsweise UV-B-Werte, die Rachitis ausschließen dürften.

ser noch sind Stegplatten aus Plexiglas (pers. Mitt. THOMAS UNVERZAGT/Duisburg). Sie sind nicht nur sehr leicht, sondern auch einfach zu verarbeiten und können bei Feuchtigkeitseinwirkung nicht aufquellen. Nach Empfehlung von UNVERZAGT können einfache Stegplatten gesägt oder mit einem Tapeziermesser zurechtgeschnitten werden. Die Paßstücke werden gebohrt und von innen an die Lochwinkelprofile geschraubt. Vorher werden Lochbleche in die Seitenwände zur Be- und Entlüftung eingearbeitet. Die Laufschienen für die Frontschiebescheiben kleben wir mit Zweikomponenten-Kunstharzkleber direkt auf den unteren Regalboden bzw. auf die Unterkante des nächsthöheren Regalbodens. Auf den Regalboden legen wir ein zurechtgeschnittenes Stück einer dünnen Plexiglasplatte, die es als Rollenware in Baumärkten zu kaufen gibt. Sie soll den Boden vor Rost und Kratzern schützen. Alle Fugen werden mit Silikon ausgespritzt. Die elektrische Installation der Beleuchtung und Heizung überläßt man einem Elektrofachmann. Detailliertere Informationen zu dieser Bauweise sind bei HAUSCHILD & GASSNER (1995) nachzulesen.

Als Terrarien-Mindestgröße für ein Paar *Pogona barbata* schlagen wir 150 x 80 x 80 cm (LxBxH) vor. Zur Einrichtung gehören Sand als Bodengrund, dazu große, kompakte Äste oder Wurzeln als erhöhte Sitzwarte und eine Steinplatte auf dem Boden, auf der wir den Wassernapf und die Futterschüssel abstellen. Die Tiere gehören längst nicht mehr zu den „heiklen Arten“ (NEUGEBAUER 1972), sondern sind durchweg robuste Nachzuchten. STETTLER (1981) zitiert HAAS, der *P. barbata* bei Freihaltung im Wohnzimmer nachzüchtete.

3.2.2 *Pogona microlepidota* (GLAUERT, 1952)

Amphibolurus barbatus microlepidotus GLAUERT, 1952: 168

Amphibolurus microlepidotus BADHAM 1976: 439, fig. 4 f

Pogona microlepidota STORR 1982: 211

Kimberley-Bartagame

„microlepidota“ heißt soviel wie „winzig kleine Schuppen“.

Beschreibung

Größe: KRL 14 cm, SL 27 cm, GL 41 cm (BADHAM 1976), oder KRL 18 cm, SL 21 cm, GL 39 cm (STORR 1982)

Körperform: *P. microlepidota* gehört zu den größeren Bartagamen und besitzt einen relativ schmalen und kurzen Kopf. Der Körper ist lang und flach, die Schuppen sind sehr klein. An den Körperseiten befinden sich drei bis fünf Reihen großer Stachelschuppen. Die Kehlschuppen sind nicht vergrößert, d.h. die Agame kann keinen „Bart“ aufspreizen.

Färbung und Zeichnung: Die Grundfarbe ist ein Gelbbraun, ab der Körpermitte ändert es sich in Graubraun. Hinterkopf und Nacken sind schwarzgrau. Der Schwanz ist graubraun und mit blassen, gelbbraunen Streifen dicht gebändert. Die Unterseite des Körpers ist braun und weiß gefärbt, gelegentlich sind graue Sprenkel eingestreut.

Unterschiede zwischen *P. microlepidota*, *P. barbata* und *P. minor*: Die Kimberley-Bartagame besitzt an den Körperseiten einige Reihen vergrößerter Stachelschuppen, wie auch *P. barbata*. Bei *P. microlepidota* setzt sich dieses Band noch zusätzlich über die Vorderbeine bis zum Schulterblatt fort. Die Art zeichnet sich durch drei bis fünf dorsoventrale Reihen Stachelschuppen aus, wohingegen *P. minor* nur eine einzige Reihe aufweist.

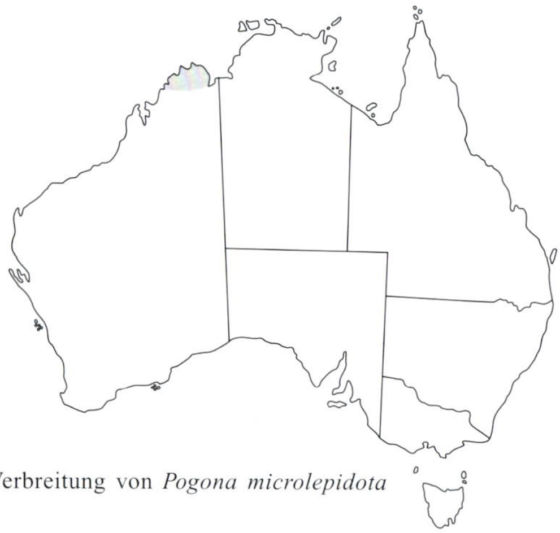

Verbreitung von *Pogona microlepidota*

Vorkommen

P. microlepidota kommt im äußersten Norden von Westaustralien in den Kimberleys vor. BADHAM (1976) fand in Kalumburu/North Kimberley nur fünf Exemplare, STORR (1982) hatte bei der Überprüfung schon neun Tiere zur Bestimmung vorliegen (Pago, Kalumburu, Mitchell Plateau, Bigge I. und Prince Regent River National Park).

Biotop und Freilandbeobachtungen

Die Kimberleys im Norden von Westaustralien gehören zum Westaustralischen Schild und bestehen aus Sandstein, metamorphen Quarzen und Graniten. Daneben kommt ein dunkler Basalt vor. In den Ebenen finden sich Ablagerungen aus der Verwitterung des Deckgesteins. Die Region weist einen prinzipiell fruchtbaren Boden auf, der aber zu trocken ist. Sie ist von Kontrasten geprägt; man findet hier auch tropischen Regenwald, der von reißenden Flüssen durchströmt wird. Insgesamt handelt es sich um eine größ-

Biotop von ***Pogona microlepidota*** in den Kimberleys mit Baobab-Baum. Foto: U. Röhe

tenteils unberührte Landschaft, in der Temperaturen bis 50° C vorkommen können. Den Agamen werden extreme Lebensbedingungen geboten, die sie meistern müssen. Vielleicht sind sie deshalb so scheu und selten zu finden, daß EHMANN (1992) sie zu Recht als äußerst selten bezeichnet. COGGER (1992) beschreibt lichten Trockenwald, Spinifex-Graslandschaften und ähnliche Formationen als Biotope der Art.

Fortpflanzung in der Natur
Bedauerlicherweise gibt es überhaupt keine Angaben zur Fortpflanzung dieser Art.

Terrarienhaltung
Auch zur Terrarienhaltung existieren leider noch keine Erfahrungen.

Pogona microlepidota, Crystal Creek / WA.
Foto: R.E. Johnstone

3.2.3 *Pogona minor* (STERNFELD, 1919)

Amphibolurus barbatus minor STERNFELD, 1919: 78
Amphibolurus minor BADHAM 1976: 436, fig. 4d
Pogona minor STORR 1982: 203
Pogona loriae WELLS & WELLINGTON, 1985: 19

Westliche Bartagame oder Kleinbärtige Agame

Die australischen Herpetologen sind sich heute nicht mehr schlüssig, ob die Revision von STORR (1982) zur Systematik der Bartagamen noch gültig ist. Nach heutigem Kenntnisstand gibt es nicht mehr die beiden Unterarten *P. minor minor* und *P. minor minima*, sondern die selbständigen Arten *P. minor* und *P. minima* (COGGER 1992). Die Einstufung letztgenannter Art basiert auf deren ausschließlichem Vorkommen auf dem Inselkomplex Houtman Abrolhos. Eben diesen taxonomischen Standpunkt teilen nicht alle australischen Herpetologen. WITTEN (1994a, b) unterscheidet beide Arten nach Anzahl und Ausbildung der Schuppen und ordnet *Pogona minima* als Subspezies von *Pogona minor* ein. Im vorliegenden Buch vertreten die Autoren - COGGER (1992) folgend - die Auffassung, daß es sich bei *P. minor* und *P. minima* um zwei eigenständige Arten handelt.

Beschreibung
Größe: KRL 14 cm, SL 26, GL 40 cm (HOUSTON 1977).
Körperform: Die Art ähnelt *P. barbata*, ist aber im Adultzustand deutlich schlanker und kleiner. An den Körperseiten befindet sich nur eine Reihe kleiner, abstehender Stachelschuppen. Im Gegensatz zu *P. barbata* fehlen horizontal verlaufende Stachelschuppen auf der Kehlhaut (COGGER 1992). Die Ohröffnung ist dreieckig (BADHAM 1976), der Schwanz im Verhältnis zur Gesamtlänge deutlich länger als bei *P. barbata*. Einen arttypischen „Bart" kann die Agame nicht vorweisen. Die Linien am Maul sind nicht gelb, sondern weiß.
Färbung und Zeichnung: Die durchweg grau oder hellbeige gefärbten Tiere besitzen eine

Pogona minor, südlich von Perth.
Foto: H.-D. Philippen

wurde sie jeweils im Süden und Südwesten nachgewiesen.

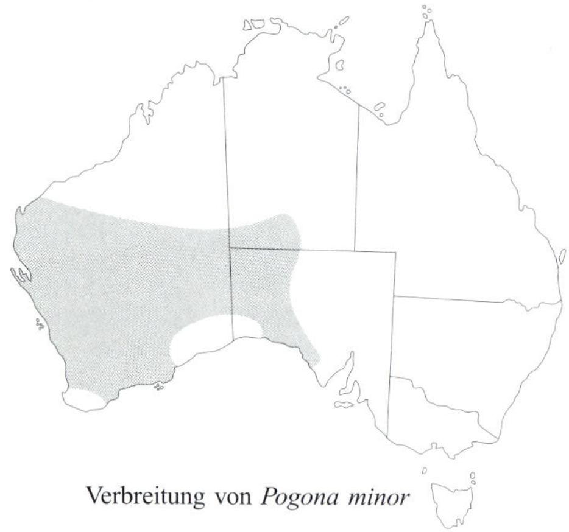

Verbreitung von *Pogona minor*

schwache Rautenzeichnung auf dem Rücken. Der Bauch ist hell gefärbt, bei den Männchen während der Paarungszeit schwarz (MANTHEY & SCHUSTER 1992). Die Mundschleimhaut leuchtet hellgelb. Vom Auge zum Tympanum verläuft ein dunkler Streifen, hinter der Ohröffnung befindet sich rechts und links je ein schwarzer Fleck oberhalb des Schultergelenks. Die Tiere sind je nach geographischem Vorkommen unterschiedlich gefärbt. Im Nordosten ihres Verbreitungsgebietes sind sie kräftiger und größer gebaut, die Färbung enthält weniger Grau- und mehr Brauntöne (BADHAM 1976). Wenn sich *P. minor* gestört fühlt, verfärbt sie sich dunkelgrau, wenn sie sich sonnt und sich gut aufgeheizt hat, zeigt sie ein schönes Gelb (BUSH et al. 1995).

Vorkommen

Das große Verbreitungsgebiet von *P. minor* liegt in Westaustralien, von der südlichen Pilbara bis zu den Wüsten Little Sandy Desert und Gibson Desert, einschließlich der Inseln Barrow, Dirk Hartog und Salutation (STORR 1982). Im Südwesten Australiens fehlt die Art, in den Bundesstaaten Northern Territory und South Australia

Biotop und Freilandbeobachtungen

Die Agamen bevorzugen mäßig warme, offene Busch- und Waldlandschaften, im äußersten Westen Sand- und Bergwüsten, aber auch Heide- und Mallee-Buschland. An der Küste findet man sie auch vereinzelt im Dünengelände. Bei einer Störung flieht die Agame in Deckung. In die Enge getrieben, wendet sie sich zum Angreifer und versucht zu beißen, bevor sie erneut flüchtet (EHMANN 1992). Der Erstautor (HAUSCHILD) und SCHUSTER konnten mehrere Exemplare in den Eukalyptusbäumen entlang der geteerten Straße von Mt. Magnet nach Yalgoo/ Westaustralien feststellen. Wir wurden erst auf das Vorkommen aufmerksam, als wir eine frisch überfahrene *P. minor* bemerkten. Wir überprüften das Gelände und wurden nach langem Suchen fündig. Erkennt man erst einmal eine Agame im Geäst, hat man ein Auge für ihre hervor-

Oben: Biotop von ***Pogona minor*** in den Hamersley Ranges / WA. Foto: A. Hauschild

Unten: ***Pogona minor,*** Alice Springs / N.T. Foto: P. G. Horner

ragende Tarnung. Die Agamen saßen alle in ca. 1-2 m Höhe und waren aufgrund ihrer äußeren Gestalt, Farbe und Zeichnung schwierig auszumachen. Wenn man sich näherte, preßten sie sich eng an den Stamm und verhielten sich absolut inaktiv. Erst unmittelbar bevor man sie greifen konnte, wechselten sie die Taktik und ließen sich auf den Boden fallen, um davonzurennen.
SMITH (1976) hat *P. minor* auf Barrow Island beobachtet. Die Insel liegt 85,5 km nördlich vor Onslow, im nordwestlichen Teil von Westaustralien. Die ausgewachsenen Tiere saßen im Geäst von *Hakea lorea* und *Acacia bivenosa*. Der Boden war überwiegend mit *Triodia*-Büschelgras bedeckt.

Fortpflanzung in der Natur

Die Tiere pflanzen sich ab dem Frühjahr fort, pro Saison werden mehr als vier Gelege von den Weibchen abgesetzt (GREER 1989). Die Gelegegröße schwankt zwischen zwei und neun Eiern. BUSH et al. (1995) beschreiben *P. minor* aus der Gegend um Perth/Westaustralien. Die Weibchen produzieren dort zwei Gelege zwischen Oktober und Februar mit jeweils fünf bis elf Eiern. BUSH (1992) hat Daten zu den Eiern und Schlüpflingen von *P. minor* veröffentlicht. Demnach beträgt die Eigröße 20-25 x 12-14 mm und die -masse 1,85-2,86 g. Inkubiert bei 25° C schlüpfen die Jungechsen nach 72-82 Tagen, bei Temperaturen von 30° C nach 45-54 Tagen. Die Jungen wogen bei der Geburt 1,7-2,9 g und hatten eine KRL von 32-37 mm. Die durchschnittliche Inkubationszeit, deren Dauer nur aus der Terrarienhaltung bekannt ist, beträgt 60 Tage.
BROWNE-COOPER (1984) beobachtete Anfang September mitten in Perth eine *P. minor*, die in einer ca. 25 cm tiefen, selbstgegrabenen Grube mehr als 5 Eier ablegte und anschließend wieder mit Aushub bedeckte. Das Versteck befand sich auf einem lehmigen Weg zwischen Yarra- und Banksiabäumen. Die Eier waren ca. 10-15 mm lang. Daß die Agamen sich schon sehr früh im Jahr paaren, läßt sich auch bei DELL & CHAP-

Tabelle 2 – Haltungserfahrungen verschiedener Terrarianer bei der Zucht von *Pogona minor*.

	Züchter			
	BOOS	**SCHUSTER**	**HIELSCHER**	**LIPCIK**
St.-Zahl	4,3	1,2	2,2	1,1
Alter	4-7 Jahre	2-7 Jahre	1 Jahr	3-4 Jahre
Futter (pflanzlich)	30%	20%	20%	10%
Futter (animalisch)	70%	80%	80%	80%
extra UV-Bestr.	2x /Woche	permanent	sporadisch	2x /Woche
UV-Bestr.-Dauer	15 Min.	permanent	sporadisch	20 Min.
Winterruhe	6 Wochen	4 Wochen	-.-	4 Wochen
Gelege/Saison	2-3	2	3	2
Eizahl/Gelege	8-12	6-9	10-11	5-10
Inkub.-Temperatur	28° C	26,4°-28° C	26-30° C	30° C
Inkub.-Substrat	Sand	Vermiculite	Sand/Spagn.	Erde/Sand
Inkub.-Dauer	80 Tage	63 Tage	55-60 Tage	50-55 Tage
Schlupfrate	100%	80%	100%	90%
Futteraufnahme ab	4. Tag	3. Tag	3. Tag	3. Tag
Jungtiere/Becken	bis 12 Tiere	1-2 Tiere	2 Tiere	bis 10 Tiere
Geschlechtsbest. ab	3. Monat	ab 1. Tag	3. Monat	1. Monat

Pogona minor Foto: H. Bosch

MAN (1981) nachlesen. Sie fanden Mitte September trächtige Weibchen in Eukalyptussträuchern.
Die Geschlechtsreife soll bei *P. minor* erst mit dem zweiten Lebensjahr beginnen (DAVIDGE 1980). Die Autorin bezieht sich auf das Längenwachstum, welches dann abgeschlossen ist. Sie hat Jungtiere im Freiland vermessen und markiert, die zwischen April und September von 50 mm auf 80 mm GL heranwuchsen. DAVIDGE (1980) fand auch heraus, daß trächtige Weibchen mindestens eine KRL von 90 mm aufweisen.

Terrarienhaltung
Terrarium Typ III.
Unser Dank gilt NORBERT SCHUSTER/Roßdorf, der *Pogona minor* im Jahr 1985 aus der Umgebung von Perth bekommen konnte und diese Art als erster erfolgreich züchtete. Daß es heute überhaupt möglich ist, Nachzuchttiere dieser Art zu erwerben, ist allein sein Verdienst. Die ersten Exemplare wurden damals noch (auch nach COGGER 1979) als *Amphibolurus minimus* taxiert. Ein paar Jahre später (1982) erfolgte STORRs Revision der Bartagamen, und fortan wurden die Tiere als *Pogona minima* an-

gesprochen. Heute wissen wir, daß es sich in Wirklichkeit um *Pogona minor* handelt. Nach unserer Meinung sind nur Bartagamen von den Houtman Abrolhos „echte" *P. minima*. SCHUSTERs Nachzuchten sind Festlandtiere, also *P. minor*-Exemplare.
Adulte Tiere kann man als Pärchen oder in Gruppen mit einem Männchen und zwei Weibchen halten. Nach vorausgegangener Winterruhe paaren sich die Tiere. Die Weibchen produzieren mehrere Gelege pro Saison. Die Jungtiere sollte man einzeln großziehen. Die Futteransprüche decken die übliche Palette ab, der pflanzliche Anteil ist etwas geringer als bei den anderen Arten. Auffallend ist das Bedürfnis der Tiere, auf Ästen oder Zweigen zu sitzen. Dieses entspricht auch dem Verhalten im Freiland.

HIELSCHER (1989) konnte seine von SCHUSTER erworbenen Jungtiere problemlos aufziehen. Nach zehn Monaten paarten sich zwei seiner Tiere, daraus resultierten nach weiteren drei Monaten acht Jungtiere. Diese Angaben stehen im Gegensatz zu den Fortpflanzungsbeobachtungen im Freiland durch DAVIDGE (1980) - siehe vorstehendes Kapitel. Leider ist über den Verbleib der Nachzuchten HIELSCHERs nichts bekannt, ebensowenig über die Tiere, die TREMPER/Boerne-Texas in die USA importierte (VOSJOLI & MAILLOUX 1993). Später stagnierten die Zuchten, und erst in den neunziger Jahren konnten ein paar wenige Exemplare zur Blutauffrischung erworben werden. Derzeit ist der Bestand an Nachzuchttieren von *P. minor* in Deutschland wieder gesichert.

3.2.4 *Pogona minima* (LOVERIDGE, 1933)

Amphibolurus barbatus minimus LOVERIDGE, 1933: 69
Amphibolurus minimus BADHAM 1976: 437
Pogona minor minima STORR 1982: 208

„Kleinste Bartagame"

Beschreibung
Größe: KRL 12 cm, SL 24 cm, GL 36 cm (STORR 1982).
Körperform: Die Art ist klein und schlank und ähnelt sehr *P. minor*, ist aber von dieser gut durch die längeren Gliedmaßen zu unterscheiden (WITTEN 1994 b). Außerdem besitzt *P. minima* auf beiden Seiten des Schädels je eine Reihe Stachelschuppen im Nacken, die parallel zur Wirbelsäule verlaufen (COGGER 1992). Diese fehlen bei *P. minor*. Die deutlich sichtbare Ohröffnung ist ebenfalls zum Unterscheiden beider Arten geeignet: *P. minima* besitzt eine kleine, rundliche Ohröffnung, *P. minor* eine dreieckige (BADHAM 1976). Die Kehlschuppen sind bei *P. minima* nicht besonders ausgeprägt, weshalb der „Bart" nicht gespreizt werden kann.
Färbung und Zeichnung: Die Oberseite des Körpers ist gewöhnlich hell graubraun gefärbt. Im Nacken verläuft auf beiden Seiten je ein dunkler Strich in Längsrichtung; die beiden Linien rahmen ein Rautenmuster ein. Der Schwanz ist schwach gebändert. Bei Jungtieren ist ein schwarzer Fleck auf den Schultern ausgeprägt, bei den meisten erwachsenen Tieren verblaßt dieses Merkmal. Die Kehle ist gänzlich oder teilweise schwarz gefärbt. Die Mundschleimhaut ist gelb. Die Männchen sind während der Paarungszeit auf der Bauchseite schwarz gefärbt (LOVERIDGE 1934).

Vorkommen
Die Art tritt nur auf der Inselgruppe der Houtman Abrolhos auf. Der gesamte taxonomische Status ist aber unter den australischen Herpetologen strittig. Tatsache ist, daß der Holotyp von der

Insel East Wallabi der Houtman Abrolhos stammt (STORR 1982).

Biotop und Freilandbeobachtungen
Die Houtman Abrolhos sind aus Korallenriffen entstanden. Im australischen Frühjahr (September bis Oktober) herrscht ein warmes, mildes Klima, ähnlich wie im europäischen Mittelmeerraum. Zu dieser Zeit werden Tagestemperaturen von 20-26°C gemessen, die Niederschlagsmenge reicht von 80 mm im September bis 21 mm im November. Die Vegetation der Inseln ist spärlich, oft wird sie vom Meerwasser überspült. Büsche, Sträucher und Gestrüpp wie z.B. *Carpobratus*, *Tetragonia* und *Olearia axillaris* werden hier selten höher als 1 m. Fettgewächse (*Scaevola crassifolia*), Spinifexgras (*Spinifex longifolius*) und Strohblumen (*Helipterum roseum*) haben die Inseln erobert. Mangroven prägen einen Großteil der Lebensräume auf den Abrolhos (STORR 1965). Soweit bekannt, ist *P. minima* der einzige Agamen-Vertreter auf den Houtman Abrolhos. Die kleine Agame nutzt ihre Kletterfähigkeit und jagt ihre Beute in der Vegetation. Die Insektenfauna ist dort gut vertreten und bildet den Hauptteil der Nahrung. In geringem Maß fressen die Tiere auch junges Grün und Blüten. Ihre natürlichen Feinde sind große Skinke wie *Egernia kingii*, Riesenschlangen der Gattung *Morelia* und verschiedene Raub- und Seevögel (HAUSCHILD & GASSNER 1994).

Verbreitung von *Pogona minima*

***Pogona minima*,** trächtiges ♀.
Foto: H.-D. Philippen

Fortpflanzung in der Natur
Fortpflanzungsdaten aus dem Freiland liegen nicht vor. Deshalb kann nur vermutet werden, daß die Vermehrung ähnlich erfolgt wie bei *P. minor*.

Terrarienhaltung
Es ist sehr unwahrscheinlich, daß derzeit jemand Tiere dieser Inselform besitzt. Falls doch, so möge er sich bitte bei den Autoren melden und dazu beitragen, daß seine Haltungserfahrungen veröffentlicht werden.

3.2.5 *Pogona mitchelli* (BADHAM, 1976)

Amphibolurus mitchelli BADHAM, 1976: 435, fig. 4c
Pogona minor mitchelli STORR 1982: 209

Mitchells Bartagame

Die Art wurde von der Erstbeschreiberin nach Francis John Mitchell, Kurator am Südaustralischen Museum in Adelaide, benannt. Weitere umgangssprachliche Namen sind „Nordwestliche Zwergbartagame“ und „Pilbara-Bartagame“

Wie sich schon bei den zuvor besprochenen Arten *P. minor* und *P. minima* gezeigt hat, sind sich die australischen Herpetologen nicht einig, wie derzeit die einzelnen *Pogona*-Arten bzw. -Unterarten anzusprechen sind. Wir orientieren uns an der gewichtigsten Veröffentlichung: COGGER 1992.

Pogona mitchelli, ♂ vom Northern Highway / Kimberleys. Foto: U. Röhe

Beschreibung

Größe: KRL 17 cm, SL 23 cm, GL 40 cm.

Körperform: Bei *P. mitchelli* handelt es sich um eine mittelgroße Echse mit einem schlanken Körper. Der Kopf ist dreieckig geformt, die Schnauze ist kurz. Bei erwachsenen Männchen fällt der massige Schädel auf. Kopf und Kehle sind stark bestachelt, *P. mitchelli* kann sehr schön ihren „Bart“ aufstellen. Die Ohröffnungen sind elliptisch ausgebildet. Die Körperseiten tragen nur eine Reihe Stachelschuppen. Auf beiden Schulterseiten befinden sich große, kräftig ausgebildete Stachelfelder. Die Beine sind verhältnismäßig kurz, der Schwanz ist lang, dünn und gewöhnlich gleichmäßig beschuppt. Ausnahmsweise können auch ein paar vergrößerte Schuppen kurz hinter der Schwanzbasis vorkommen.

Färbung und Zeichnung: Die Art ist sehr variabel und ihre Färbung reicht von Braun über Rotbraun bis hin zu gelblichen Tönen. Bei Erregung färbt sich der Kopf der Männchen sogar orange bzw. rotorange. Eine Zeichnung ist kaum vorhanden. MANTHEY & SCHUSTER (1992) beschreiben eine ovale Fleckenzeichnung beiderseits der Wirbelsäule, die sich bei kühler Witterung an den Tieren feststellen läßt.

Unterschiede zwischen *P. minor*, *P. minima* und *P. mitchelli*: Ausgewachsene Exemplare von *P. mitchelli* erreichen das höchste Körpergewicht und weisen die größte KRL auf. Rükken und Bauch der Jungtiere von *P. mitchelli* sind nicht so deutlich gezeichnet wie bei *P. minor* und *P. minima* und verblassen meist in der Wachstumsphase.

Bei *P. minor* fällt die Kopfbestachelung schwach aus, die Ohröffnung ist kleiner als bei *P. mitchelli*. *P. minima* ist bezüglich der Gesamtlänge die kleinste der drei Agamen. Ihr Abwehrverhalten unterscheidet sich, wie auch das von *P. minor*, deutlich von *P. mitchelli*, die als einzige der drei Arten einen Bart aufstellen kann.

Vorkommen

Das Verbreitungsgebiet von *P. mitchelli* liegt im Zentrum und Südwesten des Nordterritoriums und im Norden von Westaustralien.

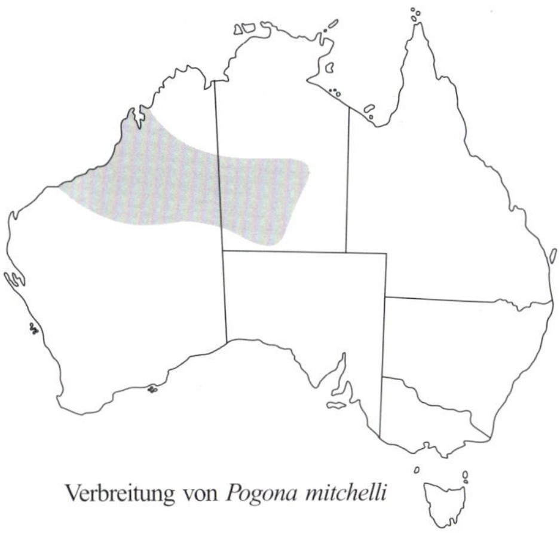

Verbreitung von *Pogona mitchelli*

Andererseits müssen sie auch Sommertemperaturen von 50° C überstehen, die sie in einem kühlen Unterschlupf verschlafen. In ihrem nördlichsten Verbreitungsgebiet, den südlichen Kimberleys, leben sie in einer größtenteils unberührten Landschaft, geprägt von zerklüfteten Bergen, großartigen Schluchten und Bergwäldern. Auch hier gibt es Flüsse, Seen und ein schroffes, vom Menschen dünn besiedeltes Gelände mit Viehzucht. Die Agamen verbringen den Sommer wiederum im Trockenschlaf. Die Wüste Great Sandy Desert, zwischen der Pilbara und den Kimberleys gelegen, bietet den Agamen keinen Lebensraum. Fundtiere sind nur aus der Randzone bekannt, siehe z.B. HOSER (1996). Er fand westlich von Port Headland, in Shay Gap, in Termitenhügeln verborgene *Egernia depressa*, *Varanus acanthurus* und *Pogona mitchelli*. Es war Januar und die Tagestemperaturen betrugen mehr als 40° C.

Biotop und Freilandbeobachtungen

P. mitchelli bewohnt tropische Trockenwälder, Wüsten und Halbwüsten, die Felslandschaften der Pilbara und den Süden der Kimberleys. Die Pilbara-Region mit den Hamersley Ranges ist zwar der Welt größter Eisenerzvorrat und wird intensiv ausgebeutet - wegen seiner großflächigen Abtrennung als Nationalpark gegenüber der Bergbauindustrie bietet Westaustralien in dieser rauhen, kargen Gegend für Fauna und Flora dennoch gute Überlebenschancen. Tiefe Schluchten, kristallklare Seen, unberührte Trockenwälder und endlose Spinifexsteppen bieten den Agamen einen vielfältigen Lebensraum.

Fortpflanzung in der Natur

Die Weibchen legen in der Natur mehrmals pro Saison 6-12 Eier ab.

Pogona mitchelli, ♀
Foto: A. Hauschild

Pogona mitchelli, ♂ vom Northern Highway / Kimberleys. Foto: U. Röhe
Biotop von ***Pogona mitchelli,*** Nähe Port Headland. Foto: A. Hauschild

Bastarde (***Pogona mitchelli* × *Pogona minor***).
Foto: A. Hauschild

Terrarienhaltung

Terrarientyp III.
Jahrelange Erfahrungen beweisen, daß *P. mitchelli* am besten einzeln gehalten wird. In Gruppen von einem Männchen mit zwei oder maximal drei Weibchen lassen sie sich auch pflegen - vorausgesetzt, man bietet einen großzügigen Behälter. Ein weibliches Tier legte im Terrarium bis zu sechs Gelege pro Saison. Das führte natürlich zu einer erheblichen Schwächung der Echse. Die Eizahl verringerte sich mit steigender Gelegezahl. Gleichzeitig ergaben sich Probleme bei der Eiablage. Legenot trat ein und konnte nur operativ behoben werden. Zuchtdaten können der nachfolgenden Tabelle entnommen werden. Jungtiere lassen sich problemlos aufziehen. MOUWENS hat Schlüpflinge vermessen; sie wiesen eine KRL von 40 mm und eine SL von 55 mm auf. Aus Norddeutschland sind fahrlässige Kreuzungen zwischen *P. minor* und *P. mitchelli* bekannt geworden. Die Bastarde sollen inzwischen ausgemerzt sein. Ein Foto belegt dieses „Produkt". Dennoch: Vorsicht beim Erwerb von Jungtieren dieser Art. Als mindeste Kontrolle sollte man sich die Elterntiere persönlich ansehen und deren „Identität" überprüfen (siehe auch Kapitel: Bastarde, S. 66).

Tabelle 3 – Haltungserfahrungen verschiedener Terrarianer bei der Zucht von *Pogona mitchelli.*

	Züchter	
	MOUWENS	**SCHUSTER**
St.-Zahl	1,1	2,3
Alter	2 Jahre	1,5-7 Jahre
Futter (vegetarisch)	20%	20%
Futter (animalisch)	80%	80%
extra UV-Bestr.	permanent	permanent
UV-Bestr. Dauer	permanent	permanent
Winterruhe	6 Wochen	bis 10 Wochen
Gelege/Saison	2-3	2-8
Eizahl/Gelege	11-16	9-16
Inkub.-Temperatur	28° C	26,4-28° C
Inkub.-Substrat	Vermiculite	Vermiculite
Inkub.-Dauer	65 Tage	65-73 Tage
Schlupfrate	75%	95%
Futteraufnahme ab	2. Tag	3. Tag
Jungtiere/Becken	2 Tiere	1 Tier
Geschlechtsbest. ab	10. Monat	ab 1. Tag

3.2.6 *Pogona nullarbor* (Badham, 1976)

Amphibolurus nullarbor Badham, 1976: 440, fig. 4g

Pogona nullarbor Storr 1982: 212

Nullarbor-Bartagame
Der Name bezieht sich auf den Fundort in der Nullarbor-Ebene.

Beschreibung
Größe: KRL 14 cm, SL 20 cm, GL 34 cm (Ehmann 1992), KRL 11 cm, SL 19 cm, GL 30 cm (Badham 1976).
Körperform: *P. nullarbor* ist eine mittelgroße Bartagame mit einem flachen, stämmigen Körper, kurzer Schnauze und gedrungenem Schwanz, die insgesamt einen sehr kompakten Eindruck macht. An den Seiten verlaufen drei bis sieben Reihen großer Stachelschuppen. Die Kopfbestachelung ist nicht sehr stark ausgeprägt, der Bart kann zwar gespreizt werden, allerdings weniger stark als z.B. bei *P. barbata*. Die Ohröffnung ist oval, zwischen Tympanum und Auge verläuft ein dunkler Streifen.
Färbung und Zeichnung: Rotbraun, Orangebraun und Graubraun sind – je nach Individuum – die Rückenfarben (Storr 1982). Darüber verlaufen sechs bis sieben cremeweiße Querbänder. Diese Bänderung setzt sich auf dem Schwanz fort, die Streifen sind dort breiter und dunkler. Im ersten Drittel des Schwanzes befinden sich vergrößerte, gekielte Schuppen in jeder dritten Reihe. Die Kehle ist von hellgrauer bzw. weißer Grundfarbe mit dunkel abgesetzten Längsstreifen, der Bauch ebenso. Bei Jungtieren fin-

Pogona nullarbor Foto: U. Röhe

den sich auf der Unterseite dunkel umrandete Ocellen, die bei den Adulti verblassen und als besagte Streifung hervortreten.

Unterschiede zwischen *P. nullarbor* und *P. barbata*: Beide Arten kommen in Südaustralien vor, aber nirgends sympatrisch. Sie sind sich morphologisch sehr ähnlich. *P. nullarbor* ist auffallend farbig gezeichnet und bleibt deutlich kleiner als *P. barbata*. HENDERSON (1992) gibt für *P. nullarbor* eine GL von 42 cm an (was nicht sein kann), räumt aber für solche Exemplare die Möglichkeit einer Hybridisation mit *P. vitticeps* ein.

Nullarbor-Ebene, Biotop von ***Pogona nullarbor***.

Vorkommen

P. nullarbor findet man nur in der Nullarbor-Ebene im Süden von Australien. Diese gehört politisch zur Hälfte zu Westaustralien, zur anderen Hälfte zu Südaustralien.

Verbreitung von *Pogona nullarbor*

Biotop und Freilandbeobachtungen

Die Nullarbor-Ebene besteht aus Kalksteinboden, der mit trockenresistenten Gräsern und kleinbleibenden, verkümmernden Büschen und Sträuchern bedeckt ist. „Nullarbor" bedeutet „baumlos". Während des jüngeren Erdmittelalters waren hier weite Gebiete vom Meer überflutet. Im Tertiär traten anstelle des einstigen Kreidemeeres große Süßwasserseen, die heute zu riesigen Salzpfannen geworden sind. Solch ein arides Gebiet, wo bei hoher Verdunstungsrate weniger als 250 mm Niederschlag im Jahr fallen, wirkt optisch auf den Betrachter wie eine typische Halbwüste. Die Vegetation setzt sich aus verschiedenen niedrigen Büschen und Kräutern zusammen, häufige Arten sind *Kochia sedifolia*, *Maireana sp.*, *Atriplex vesicaria*, *Triodia sp.* und *Scerolaena sp.*. In den Senken der Nullarbor-Ebene stehen Akazien. In dieser ausgedörrten Region ändert sich das Bild nach unregelmäßigen, oft sturzflutartigen Regengüssen schlagartig: innerhalb kürzester Zeit grünt und blüht es allenthalben. Der Erstautor (HAUSCHILD) machte persönlich unangenehme Erfahrungen mit dem plötzlich auftretenden Blumen- und Blütenmeer in der Nullarbor-Ebene, in der es zuvor seit vier Jahren nicht geregnet hatte. Die schönen gelben Blumen, die er pflücken wollte, waren furchtbar stachlig, und die feinen Stacheln brachen ab beim Versuch, sie aus den Fingern zu ziehen. Es dauerte Wochen, bis die Entzündungen abgeklungen waren. Die Vorstellung, daß in dieser

Foto: A. Hauschild

unwirtlichen, heißen Gegend eine Bartagame vorkommen soll, wurde von uns als schier unmöglich eingeschätzt. Mit meinem Begleiter N. SCHUSTER konnte ich auf der eintönigen Strekke Madura – Eucla – Madura wenigstens eine überfahrene *P. nullarbor* finden. Alle Bemühungen, ein lebendes Exemplar zu finden, blieben erfolglos. SCHUSTER suchte Jahre später ein zweites Mal in diesem Gebiet nach *P. nullarbor*, diesmal mit Erfolg. Er konnte ein adultes Männchen fangen und fotografieren.

Fortpflanzung

SMITH & SCHWANER (1981) fanden 20 km östlich vom Nullarbor Homestead in Südaustralien zwischen Blaubüschen (*Maireana sedifolia*) zwei weibliche *P. nullarbor*. Die Agamen waren trächtig und eines der Tiere wurde mitgenommen, um die Eiablage im Terrarium zu beobachten. Das andere Tier wurde als Belegexemplar für das Südaustralische Museum in Adelaide seziert und konserviert. Es fanden sich sechs beschalte Eier im linken und acht im rechten Eileiter. Die KRL dieses Weibchens betrug 140 mm, das lebende Tier war 5 mm kleiner. Anfang Oktober fanden die Autoren zwölf im Terrarium verstreute Eier des Weibchens, die bei 28° C in leicht feuchtem Aquarienkies inkubiert wurden. Danach legte das Weibchen noch zwei weitere Eier ab, die nur konserviert wurden. Nach elf Wochen schlüpften die Jungen. Bis dahin hatten die Eier durchschnittlich 83% an Volumen zugenommen. Die Babys maßen durchschnittlich 36 mm KRL, ihre GL betrug 82 mm. In Farbe und Zeichnung entsprachen sie ganz dem Muttertier.

Terrarienhaltung

Uns ist außerhalb Australiens niemand bekannt, der heute diese Art pflegt. In den 80er Jahren bezeichneten einige Terrarianer aus dem Ruhrgebiet ihre Tiere als *P. nullarbor*. Bei einer Überprüfung konnten wir die meisten als *P. barbata* identifizieren. Mit einer GL von mehr als 50 cm konnten sie keine Nullarbor-Bartagamen sein. Die sechs bis sieben cremeweißen Querbänder auf dem Rücken der Tiere hatten die Besitzer bei der Bestimmung vermutlich irritiert. Zwei Privatleute besaßen bis vor kurzem jeder ein echtes männliches Exemplar von *P. nullarbor*. Alle Versuche mißlangen, ein weibliches Pendant zu erhalten.

Pogona nullarbor Foto: A. Hauschild

3.2.7 *Pogona vitticeps* (AHL, 1926)

Amphibolurus vitticeps AHL, 1926: 189
Pogona vitticeps STORR 1982: 201

Streifenköpfige Bartagame

Beschreibung

Größe: KRL 25 cm, SL 31 cm, GL 56 cm. WITTEN & COVENTRY (1990) haben im äußersten Westen von Victoria, in der Big Desert, eine Population kleinwüchsiger *P. vitticeps* entdeckt. Sie bleiben mit einer maximalen KRL von 17,5 cm deutlich unter den Maßen der Tiere von anderen Fundorten.

Körperform: Bei *P. vitticeps* handelt es sich um eine große, kräftig gebaute Echse. Der Kopf ist langgestreckt und massig. Der „Bart" kann voll gespreizt werden. Das Trommelfell ist oval. Auf dem Hinterkopf verläuft eine waagrechte, zusammenhängende Reihe von Körnerschuppen. Längs der Körperseiten befindet sich eine Stachelreihe. MANTHEY & SCHUSTER (1992) stellten hier zwei Stachelreihen fest. Die Beine sind kurz und kräftig. Der Schwanz ist gedrungener und gleichmäßiger beschuppt als bei *P. barbata*. BADHAM (1976) verweist auf *P. vitticeps*-Exemplare aus dem Zentrum Australiens, die in der Mitte der

Pogona vitticeps im Biotop, Flinders Ranges. Foto: H. Bosch

Kehle keine vergrößerten Bartstacheln aufwiesen.
Färbung und Zeichnung: Der Körper ist meist grau gefärbt, kann aber auch gelb, braun oder rostrot getönt sein. Oberseits ist eine Rautenzeichnung vorhanden. Auf der hellgrauen, manchmal weißlichen Bauchseite zeigen die Tiere eine Ocellenzeichnung. Die blauen Augenlider bei einem Einzelexemplar von *P. vitticeps* bei WINNER/Waldkirch sind wohl eine Rarität.
Unterschied zwischen *P. vitticeps* und *P. barbata*: Die Bartstacheln fallen bei *P. barbata* deutlich größer aus als bei *P. vitticeps*. Die Körnerschuppen auf dem Hinterkopf bilden bei *P. barbata* ein Hufeisen, bei *P. vitticeps* stehen sie in waagrechten Reihen. Das Trommelfell ist bei letzterer Art tiefer in die Kiefermuskulatur eingebettet als bei *P. barbata* (BADHAM 1976).

Pogona vitticeps mit hellblauen Augenlidern.
Foto: H.-J. Winner

Vorkommen

P. vitticeps ist im Binnenland aller östlichen Bundesstaaten bis hin zur östlichen Hälfte Südaustraliens und dem südöstlichen Nordterritorium verbreitet.

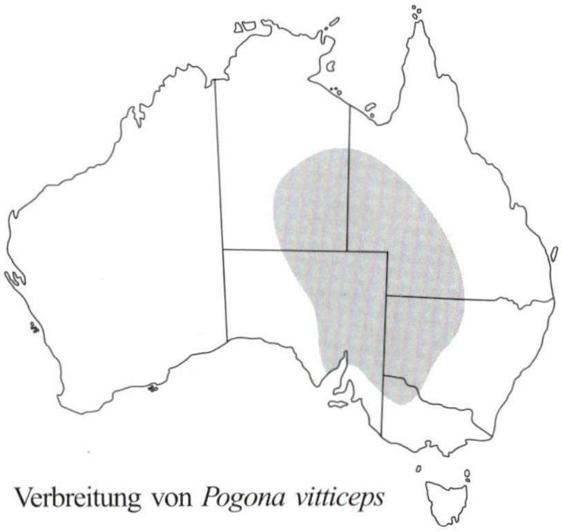

Verbreitung von *Pogona vitticeps*

Biotop und Freilandbeobachtungen

Man kann den Lebensraum dieser Art durchaus mit dem der zuvor beschriebenen *P. barbata* vergleichen. Aus der Verbreitung kann man aber schon ersehen, daß *P. vitticeps* trockenere und heißere Biotope bewohnt. Das tropische und subtropische Innere Australiens ist so niederschlagsarm, daß die Verdunstung praktisch alle Feuchtigkeit abzieht. Deshalb besteht der Kern Australiens vornehmlich aus Wüsten, allenfalls aus Steppen; man nennt das Zentrum des Kontinents auch „das tote Herz“. Mehr als ein Drittel des ganzen Landes gehört zur trockenheißen Zone. Manchmal regnet es nur alle paar Jahre dort. Die Temperaturen in Zentralaustralien liegen im Winter, zwischen Mai und September, meist noch über 20° C. Im Sommer stehen die Rekordmarken bei mehr als 40° C.
Savannen mit kurzem Grasbewuchs und Wüsten mit Gras- und Buschwuchs sind die Vegetationsformen im Biotop von *P. vitticeps*. Diese Art ist die am häufigsten zu beobachtende Bartagame Australiens. Sie sitzt oft auf einem exponierten Platz, sonnt sich und beobachtet ihr Revier. Zwischendurch wechselt sie ihren Hochsitz, um auf einem anderen Ast, Pfosten oder Zaunpfahl zu sitzen. Selbst bei Regen oder kühlem Wetter verweilt sie auf ihrem Ausguck, eng an den Untergrund gepreßt.

Fortpflanzung in der Natur

In Australien legt das Weibchen ab Anfang Oktober, nach vorangegangener Paarung, seine 11-22 Eier ab. JOHNSTON (1979) hat bei *P. vitticeps* beobachtet, daß die Weibchen in einem Winkel von ca. 45 Grad zur Oberfläche einen ungefähr 35 cm langen Tunnel ins Erdreich graben. Danach macht die Grabrichtung einen seitlichen Knick von wiederum 45 Grad, bis der Tunnel schließlich nach weiteren 15 cm endet. Hier legt das Tier seine Eier ab und verschließt anschließend die Ablagestelle vollständig. JOHNSTON nimmt an, daß der abknickende Tunnelverlauf Eierdiebe fehlleiten soll: Ein Räuber, der sich auf die Richtung des Anfangsstücks verläßt, geht fehl, wenn er den Tunnel schnurgerade nachgräbt. Leider bleibt bei dieser Hypothese außer acht, daß die meisten Feinde (z.B. Warane) über einen ausgezeichneten Geruchssinn verfügen. Vorausgesetzt, die Ablagestelle bleibt unversehrt, schlüpfen die Jungtiere bei einer Inkubationstemperatur von ca. 26° C nach 89-96 Tagen (EHMANN 1992). Derselbe Autor berichtet auch von einem Weibchen, das ein Gelege zum Schlupftermin der Jungtiere freigegraben hatte. JOHNSTON (1979) hatte zwei trächtige Weibchen von *P. vitticeps* in Whyalla/Südaustralien gefangen. Sie legten 16 bzw. elf Eier, die jeweils 23-29 mm lang und 17-18 mm breit waren. Die Körpermaße der frisch geschlüpften Jungtiere wurden wie folgt angegeben: KRL 4 cm, SL 5 cm, GL 9 cm. Ausgehend von diesen Maßen erreicht *P. vitticeps* in weniger als drei Monaten eine Gesamtlänge von 20 cm (FELLMANN 1991).

Terrarienhaltung

Terrarientyp III.

Wie schon erwähnt, ähneln sich *P. barbata* und *P. vitticeps* in vielerlei Hinsicht. Letztere Art eig-

Tabelle 4 – Haltungserfahrungen verschiedener Terrarianer bei der Zucht von *Pogona vitticeps*.

	Züchter					
	WINNER	**ELFLEIN**	**THELEN**	**HÖPFL**	**LINDEMANN**	**WIESKE**
St.-Zahl	1,4	1,1	1,1	1,2	1,1	1,1
Alter	bis 7 Jahre	4 Jahre	1,5 Jahre	2 Jahre	3 Jahre	8 Jahre
Futter (pflanzlich)	50 %, 3 x tgl.(!)	20%	40%	40%	30%	25%
Futter (animalisch)	50%, 3 x tgl.(!)	80%	60%	60%	70%	75%
extra UV-Bestr.	tgl.	3 x /Woche	2 x /Woche	permanent	1 x / Woche	3 x /Woche
UV-Bestr.Dauer	30 Min.	10 Min.	10 Min.	permanent	5 Min.	15 Min.
Winterruhe	10 Wochen	-.-	8 Wochen	9 Wochen	6 Wochen	7 Wochen
Gelege/Saison	bis 6	1	2	3	2	3
Eizahl/Gelege	8-25	25	11-21	10-16	20- 21	13-16
Inkub.-Temperatur	28° C	28° C	29° C	27° C	28° C	27° C
Inkub.-Substrat	Vermiculite	Vermi./Sand	Sand/Seramis	Vermiculite	Blumenerde/Sand	Vermiculite
Inkub.-Dauer	2 Monate	71-78 Tage	58 Tage	72-84 Tage	66-80 Tage	84-116 Tage
Schlupfrate	50%	94%	50%	84%	67%	75%
Futteraufnahme ab	2. Tag	2. Tag	3. Tag	2. Tag	6. Tag	5. Tag
Jungtiere/Becken	bis 25 Tiere	bis 20 Tiere	5-6 Tiere	6-8 Tiere	14 Tiere	10 Tiere
Geschlechtsbest. ab	3. Monat	4 Wochen	abgegeben	abgegeben	abgegeben	8 Wochen

net sich noch ein wenig besser zur Terrarienhaltung und kann in Gruppen aufgezogen werden; die Terrarienbedingungen sollten wie schon zuvor besprochen gewählt sein.
Nach der ersten Winterruhe bilden die Männchen eine Rangordnung aus, die sie auch das Jahr über beibehalten. Dann muß man schwächere Tiere separieren, um Schlimmeres zu verhüten. Eine Gruppenhaltung von einem Männchen mit zwei oder drei Weibchen ist möglich, wir empfehlen aber trotzdem eher die Einzel- bzw. paarweise Haltung.
HENDERSON (1992) zog Schlüpflinge von *P. vitticeps* auf, die bereits nach zehn Monaten geschlechtsreif waren. In ihrem elften Lebensmonat legte ein Weibchen 24 Eier. Bei ZIMMERMANN (1980) waren die Nachzuchten nach einem Jahr geschlechtsreif. Gute und detaillierte Angaben zur Zucht von *P. vitticeps* können aus der vorstehend zitierten Arbeit entnommen werden (die Abbildungen dort zeigen *P. vitticeps* und nicht *P. barbata,* was den guten Gesamteindruck dieser Arbeit aber keinesfalls trübt).

Pogona vitticeps, Portrait, Whyalla / SA.
Foto: A. Hauschild

Tabelle 4a – Haltungserfahrungen verschiedener Terrarianer bei der Zucht von *Pogona vitticeps.*

	Züchter					
	SCHARDT	**LEUFFEN**	**HAUSCHILD**	**IMHOF**	**SCHUSTER**	**BOOS**
St.-Zahl	1,2	1,2	1,1	2,2	3,6	3,7
Alter	4 Jahre	2 Jahre	3 Jahre	3-4 Jahre	1-11 Jahre	3-8 Jahre
Futter (pflanzlich)	50%	60%	30%	20%	30%	30%
Futter (animalisch)	50%	40%	70%	80%	70%	70%
extra UV-Bestr.	3 x /Woche	1 x /Woche	permanent	2 x /Woche	permanent	1-2 x /Woche
UV-Bestr.Dauer	15 Min.	5 Min.	permanent	5 Minuten	permanent	15 Min.
Winterruhe	7 Wochen	8 Wochen	8-12 Wochen	8 Wochen	bis 12 Wochen	9-12 Wochen
Gelege/Saison	2	3	3	3	2 pro Weibchen	3-6
Eizahl/Gelege	15-19	22-24	16-22	15-22	15-26	22-30
Inkub.-Temperatur	28-30° C	28° C	31° C	26° C	26,4-28° C	27-30° C
Inkub.-Substrat	Vermiculite	Vermiculite	Vermiculite	Vermiculite	Vermiculite	Sand
Inkub.-Dauer	63-75 Tage	65-75 Tage	60 Tage	56 Tage	63 Tage	ca. 80 Tage
Schlupfrate	100%	98%	95%	50%	98%	98%
Futteraufnahme ab	5. Tag	3. Tag	4. Tag	4. Tag	3. Tag	4. Tag
Jungtiere/Becken	5 Tiere	4 Tiere	3 Tiere	bis 22 Tiere	2-5 Tiere	10-15 Tiere
Geschlechtsbest. ab	-.-	2 Wochen	3 Monaten	ab 15 cm GL	ab 1. Tag	ab 20 cm GL

3.2.8 *Pogona henrylawsoni* WELLS & WELLINGTON, 1985

Pogona brevis WITTEN, 1994: 331
Pogona henrylawsoni, WELLS & WELLINGTON, 1985

Lawsons Bartagame, Zwergbartagame oder Schwarzerde-Bartagame

Bemerkungen zum Artnamen
P. henrylawsoni wurde erst 1985 als achte der bis dahin sieben Arten umfassenden Bartagamen von WELLS & WELLINGTON (1985) beschrieben. Die Arbeit beschränkte sich nicht auf die Neubeschreibung, sondern brachte eine Auflistung sämtlicher Amphibien und Reptilien Australiens und sollte eine Abrechnung mit dem strengen, konservativen nomenklatorischen System sein. Die Autoren übernahmen teilweise althergebrachte Namen, vergaben aber auch willkürlich Namen nach eigenen Wortschöpfungen oder Namen, die dem Comic- und Science-fiction-Genre entstammten. Ihr Werk „Klassifikation der Australischen Amphibien und Reptilien" wurde von der internationalen Wissenschaft geächtet. Nur ein Beispiel: Aus der Skinkgattung *Pseudemoia* (FUHN, 1967) haben die beiden Autoren die Art *P. lichenigera* ausgegliedert und die neue Gattung *Vaderscincus* gen. nov. proklamiert. Die Gattung benannten sie nach Darth Vader, einer Figur aus dem Film „Krieg der Sterne". Obwohl diese Arbeit, entgegen dem Antrag australischer Herpetologen bei der Zoologischen Nomenklaturkommission, nicht auf dem Index steht, sind die australischen Herpetologen nach wie vor geteilter Ansicht.
Tatsache ist, daß der Holotyp der Zwergbartagame bereits 1978 von G. HUSBAND und J. SAUER 118 km westlich von Richmond/ Queensland gefunden wurde. Die Beschreibung von *P. henrylawsoni* durch WELLS & WELLINGTON stammt aus dem Jahr 1985. Zwischenzeitlich, etwa 1982, waren trächtige Exemplare dieser Spezies nach Europa gelangt, wovon auch einige in Deutschland auftauchten. Damals war ein wissenschaftlicher Name nicht bekannt. Leicht konnte man aber feststellen, daß es eine Agame aus dem *Amphibolurus*-Komplex sein mußte. Woher einen Namen nehmen? Die Agame war nicht schwierig zu züchten, und die vielen Nachzuchten sollten einen seriösen Namen bekommen. Eine Erstbeschreibung in Deutschland war nicht möglich, weil zwar die Tiere vorhanden waren, ihr genauer Fundort aber nicht in Erfahrung zu bringen war. Eine Erstbeschreibung in Australien kam nicht in Frage, denn die Australier wußten offiziell bis 1985 nichts von der Existenz dieser Art. Allem Anschein nach hatten sie Nachforschungen angestellt, blieben aber bis zu WELLS & WELLINGTONs Veröffentlichung 1985 erfolglos. Natürlich hatten australische Herpetologen davon Kenntnis, daß eine neue, noch unbeschriebene Bartagamenart nach Europa geschmuggelt worden war. Durch das Phlegma einiger australischer Herpetologen, die Neuentdeckungen erst nach langer Zeit veröffentlichen (HENLE 1993), blieb sie jedoch zunächst unbeschrieben. So verwundert es nicht, wenn australienbegeisterte Terrarianer auf der Suche nach einschlägiger Literatur auch auf WELLS & WELLINGTONs Werk von 1983 stießen. Die Autoren hatten dort alle sieben bekannten *Pogona*-Arten aufgelistet. Unmittelbar darauf folgt *Rankinia* gen. nov. Damit beginnt die Neubeschreibung einer Gattung, nämlich die der abgespaltenen *Tympanocryptis adelaidensis*, *T. chapmani* und *T. diemensis*. WELLS & WELLINGTON (1983) hatten den Gattungsnamen *Rankinia* zu Ehren des tödlich verunglückten Amateurherpetologen PETER ROBERT RANKIN gewählt. Keinesfalls war mit *Rankinia* aber ein neuer Artname gemeint, erst recht nicht ein solcher des *Pogona*-Komplexes. Die Arbeit von WELLS &

WELLINGTON (1983) ist ein Fließtext ohne Untergliederung durch Absätze. Ein oberflächlicher Leser glaubte, darin eine achte *Pogona*-Art, nämlich *Pogona (Amphibolurus) Rankinii* beschrieben zu sehen.
Auf diese unorthodoxe Weise gelangten deutsche Terrarianer an den „Artnamen" der bis dahin unbeschriebenen *Pogona*. Welche Enttäuschung, als COGGERS „Bibel" in einer Neuauflage von 1986 kein Sterbenswörtchen über *Pogona rankinii* enthielt. Daran hat sich bis heute nichts geändert. WITTEN nutzte die Verlustmeldung des Holotyps für eine Neubeschreibung dieser Agame: Man hatte WELLS den Holotyp aus dem Museum geliehen, weil er eine genauere Beschreibung von *P. henrylawsoni* abgeben wollte. Unglücklicherweise ging das Museumsexemplar verloren. Bei Bekanntwerden dieser Tatsache machte sich WITTEN daran, weitere Exemplare zu finden und mit diesen eine Neubeschreibung zu wagen. Nach monatelanger Suche fand er drei Exemplare, die er zur Beschreibung von *P. brevis* benutzte. So geschehen 1994 (WITTEN, 1994a), wo er *P. henrylawsoni* als *P. brevis* vorstellt. Er hatte den neuen Namen „*brevis*" gewählt, weil Kopf, Körper, Beine und Schwanz dieser Agame sehr gedrungen wirken. SHEA (1995) focht die Neubeschreibung von *P. brevis* an und begründete unter Angabe von Fehlern in WITTENs Arbeit den Artnamen *henrylawsoni*. Da beide Namen sich auf die gleiche Art beziehen, muß also *P. henrylawsoni* verwendet werden.

***Pogona henrylawsoni*,** trächtige ♀♀.
Foto: A. Hauschild

Beschreibung

Größe: KRL 13 cm, SL 17 cm, GL 30 cm.
Körperform: *P. henrylawsoni* ist die kleinste der acht Bartagamen und zeigt eine kompakte Körperform mit kurzen, kräftigen Gliedmaßen. Der Kopf ist rundlich, und nicht wie bei den meisten anderen Bartagamen dreieckig geformt. Bart und Kopfstacheln sind wenig ausgeprägt. Die Ohröffnungen sind oval geformt. An den Körperseiten verläuft eine Stachelreihe. Der Schwanz dieser Agame ist im Vergleich zu allen anderen Gattungsvertretern am kürzesten.
Färbung und Zeichnung: Die Grundfärbung ist variabel: mal hellgrau, mal orangebraun. Die Kehle ist unregelmäßig gestreift. Die grellorangen Mundschleimhäute bilden dazu einen Kontrast. Variabel ist auch die Rückenzeichnung, die bei manchen Exemplaren in Form eckiger oder ovaler grauer Flecken hervortritt, bei anderen Tieren bis zur Unkenntlichkeit verwaschen ist. Unterhalb der Ohröffnung befindet sich häufig ein orangeroter Fleck, der oft durch eine Hautfalte verdeckt ist.

Vorkommen

Zentrales und nordwestliches Queensland. Die wenigen bekannten Fundorte sind: Richmond (von hier stammt der Holotyp dieser Art), Hughenden, Muttaburra, Longreach und Aramac.

Verbreitung von *Pogona henrylawsoni*

Pogona henrylawsoni und der Biotop, Black-soil country. Fotos: P. Horner

Biotop und Freilandbeobachtungen

P. henrylawsoni lebt auf sogenannten Schwarzerdeböden (Böden der semihumiden Zone). Diese Übergangszone zur Halbwüste ist durch relativ hohe, fast ausschließlich auf die Sommermonate konzentrierte Niederschläge (400-800 mm) gekennzeichnet. Wegen des hohen Gehalts an montmorillonitischen Tonmineralien neigen Schwarzerdeböden zur Bildung von Trockenrissen und Kleinformationen, die in Australien als „gilgais“ bezeichnet werden. Schwarzerden sind relativ produktiv und werden als gutes Weideland sowie für den Anbau von Weizen und Gerste genutzt (LÖFFLER & GROTZ 1995). Das bedeutet, daß die Agame durch die landwirtschaftliche Nutzung in ihrem Vorkommen eingeschränkt ist. Die Schwarzerde-Deckschicht ist felsdurchsetzt und mit Büschelgras (in Australien als „Mitchell Gras“ bezeichnet) und niedriger Buschvegetation bewachsen. Bäume kommen in diesem Vegetationsabschnitt so gut wie gar nicht vor (HORNER pers. Mitt.). Diese Biotopbeschreibung stimmt überein mit Angaben von EHMANN (1992), der darüber hinaus das Verbreitungsgebiet dieser Art auf eine Fläche von ca. 200.000 km^2 begrenzt. Er bezeichnet die Populationsdichte als gering, schätzt jedoch den Fortbestand der Art als „wahrscheinlich gesichert“ ein. Mehr ökologische Daten zu *P. henrylawsoni* sind in der Literatur kaum vorhanden.

Die Bewohner von Zentralqueensland bezeichnen den Fundort von *P. henrylawsoni* als „downs country“, was so viel wie „Hügellandschaft“ be-

deutet. WITTEN (1994a) fand zwei Exemplare auf einem unbefestigten Weg im Verbreitungsgebiet. Das war die Ausbeute mehrerer Monate, die er zu Studienzwecken in dieser Gegend verbracht hatte. Er kommt zu dem Ergebnis, daß *P. henrylawsoni* ein ganz anderes Territorialverhalten hat als die anderen *Pogona*-Arten, die immer auf einem erhöhten Ausguck sitzen. G. SHEA und R. SADLIER identifizierten per Zufall einen Freßfeind von *P. henrylawsoni*: Eine von ihnen frisch gefangene Giftschlange, *Pseudechis colletti*, erbrach ihre letzte Beute, nämlich eine

P. henrylawsoni (SHEA 1995). Interessant ist in diesem Zusammenhang, daß das Verbreitungsgebiet der Schlange (COGGER 1992) sich mit dem der Bartagame deckt.

Fortpflanzung in der Natur

Fortpflanzungsdaten aus der Natur sind noch weitgehend unbekannt. Bei zwei weiblichen Museumsexemplaren hat man Eier gefunden. Ein Exemplar (KRL 12 cm) hatte fünf, das andere Exemplar (KRL 11,7 cm) neun Eier in den Eileitern (SHEA 1995).

Terrarienhaltung

Terrarientyp II.

P. henrylawsoni, wegen der gedrungenen Körperform liebevoll „Minicooper" genannt (MARTIN/Rottweil), ist die beliebteste Bartagame bei den Terrarianern. Ihre einfache Haltung, der geringe Platzanspruch und die leichte Vermehrbarkeit haben ihr einen festen Platz in der Terraristik gesichert. Nicht nur Echsenfreunde, sondern auch viele Schlangen-, Frosch- und Schildkrötenhalter leisten sich nebenbei ein Terrarium mit einer kleinen Gruppe *P. henrylawsoni*. Die Tiere können unter den zuvor beschriebenen „bartagamenüblichen" Bedingungen gepflegt werden. Wie man ein optisch sehr schönes und zweckmäßiges Terrarium für diese Art einrichtet, kann man z.B. bei DE VOSJOLI (1996) nachlesen. Zweifellos ist die Art sehr handlich, nicht scheu und wenig wählerisch beim Futter. Sie erträgt einen breiten Temperaturbereich und ist tagsüber ständig zu sehen. Für einen Zeitraum von ca. zwei Monaten bietet man ihr eine Winterruhe bei Zimmertemperatur und abgeschaltetem Licht. Anschließend, zumeist nach zwei bis drei Wochen, sieht man erste Paarungen, denen eine erste Eiablage nach weiteren vier Wochen folgt. Die Gelegegröße liegt zwischen 5 und 18 Eiern. Bis zu fünf Gelege wurden schon pro Sai-

Tabelle 5 – Haltungserfahrungen verschiedener Terrarianer bei der Zucht von *Pogona henrylawsoni.*

	Züchter				
	MOUWENS	**HÖPFL**	**SCHLANG**	**SCHUSTER**	**HAUSCHILD**
St.-Zahl	1,2	1,5	1,2	1,1	1,1
Alter	3 Jahre	3 Jahre	5 Jahre	2 Jahre	4 Jahre
Futter (pflanzlich)	5%	20%	30%	30%	35%
Futter (animalisch)	95%	80%	70%	70%	65%
extra UV-Bestr.	1x /Woche	permanent	2 x/Woche	permanent	3x/Woche
UV-Bestr. Dauer	10 Min.	permanent	20 Min.	permanent	30 Min.
Winterruhe	8 Wochen	6 Wochen	6 Wochen	4-12 Wochen	5 Wochen
Gelege/Saison	4	2	3-4	3	3-4
Eizahl/Gelege	15-21	11-18	9-20	13-17	12-18
Inkub.-Temperatur	28° C	28° C	29° C	26,4° - 28° C	30° C
Inkub.-Substrat	Vermiculite	Vermiculite	Vermiculite	Vermiculite	Vermiculite
Inkub.-Dauer	55 Tage	59-71 Tage	50-60 Tage	56-64 Tage	50-65 Tage
Schlupfrate	95%	90%	99%	95%	95%
Futteraufn.ab	2. Tag	3. Tag	3. Tag	3. Tag	3. Tag
Jungtiere/Becken	5 Tiere	6-8 Tiere	5-10 Tiere	2-3 Tiere	3 Tiere
Geschlechtsbest. ab	2. Woche	-.-	-.-	3. Tag	2. Monat

son registriert. Frisch gelegte Eier sind von ovaler Form, ca. 2 cm lang und 1 cm breit. Mit fortschreitender Eireife nehmen sie eine rundliche Form an. Schlüpflinge, die bei 28° C inkubiert wurden, verlassen die Eier nach ca. zehn Wochen. Sie wiesen eine KRL von 40 mm, eine SL von 40 mm auf, also eine GL von 80 mm.

Bei so viel Positivem gibt es leider auch Negatives zu berichten. Es haben sich in einigen Zuchtlinien Genschäden etabliert, so daß es bei *P. henrylawsoni* relativ häufig zu Mißbildungen kommt: Jungtiere mit Roll- und Knickschwänzen, deformierten Wirbelsäulen und überwachsenen Organen sind nicht selten. Sie sollten gleich abgetötet und die Elterntiere nicht länger zu Zuchtzwecken herangezogen werden. Die Fehlbildungen sind nicht etwa auf eine Unterversorgung der Elterntiere zurückzuführen, sondern beruhen auf einem genetischen Defekt bei mindestens einem der Zuchttiere.

Leider hört man neuerdings auch von einer hohen Sterblichkeitsrate bei *P. henrylawsoni* - Jungtieren. Zum einen macht man dafür Virusinfektionen verantwortlich, es kam aber auch der Verdacht auf, daß Futtertiere aus kommerzieller Zucht dafür verantwortlich sein könnten. Wenige Stunden nach dem Verfüttern von Kleinstgrillen verendeten die Jungtiere unter Zuckungen und Krämpfen. Bei den meisten Züchtern kann man jedoch nach wie vor gesunde Tiere erwerben. Grundsätzlich ist dabei wichtig, daß man die Elterntiere anschaut. Sind sie gut untergebracht und machen einen vitalen Eindruck, hat man einen ersten Hinweis auf gute Nachzuchten. Die Lebenserwartung von *P. henrylawsoni* beträgt ca. 15 Jahre.

Pogona henrylawsoni, Nachzucht-Jungtier.
Foto: A. Hauschild

3.3 Farbzüchtungen von Bartagamen

In den USA züchtet man seit geraumer Zeit bestimmte Farbmorphen von Bartagamen. Hierfür hat man *Pogona vitticeps* ausgewählt, die dort am häufigsten gehalten wird. Die Farbpalette beinhaltet extreme Farben, die bei australischen Wildfängen nicht vorkommen. Als Zuchtbasis braucht man trotzdem naturfarbene Exemplare, die von sich aus schon rötlich bzw. gelblich sind: Im zentralen Australien ist *Pogona vitticeps* farblich gut dem roten Sand des Outbacks angepaßt. Die Gelbfärbung ist eine Adaption der Tiere an den Sandboden in ihrem südlichen Verbreitungsgebiet. Es ist nicht Aufgabe der Autoren, die amerikanischen Züchter von ihren Farbschöpfungen abzuhalten. Es handelt sich schließlich „nur" um Exemplare, die in der Gefangenschaft geboren wurden und allein der Befriedigung bestimmter Modetrends in Terrarianerkreisen dienen. Wir möchten uns bei ROBERT MAILLOUX dafür bedanken, daß er uns Dias dieser außergewöhnlichen Farbzüchtungen zur Verfügung gestellt hat.

Inwieweit die Tiere bei züchterisch veränderten Körperfarben in ihrer sozialen Kommunikationsfähigkeit oder im Thermoregulationsverhalten eingeschränkt sind, entzieht sich unserer Kenntnis. Bei Freilandhaltung stellt sich zudem die Frage, ob pigmentarme Zuchtformen gegenüber UV-Einstrahlung empfindlicher sind.

Pogona vitticeps
„Sandfire-Red-Gold“
Foto: D. Travis

Pogona vitticeps
„Sandfire-Gold“
Foto: D. Travis

Pogona vitticeps
„Sandfire-Yellow“
Foto: D. Travis

Pogona vitticeps
„Pastels“
Foto: D. Travis

Pogona vitticeps „Sandfire" Foto: D. Travis

Die amerikanischen Farbmorphen sind:
a) „Sandfire ™ Dragon": Kopf und Beine sind karminrot, der Rücken ist weniger rot gefärbt. Eine Zeichnung oder ein Muster sind nicht vorhanden. Der Züchter ROBERT MAILLOUX, Inhaber der Sandfire Dragon Ranch aus Vista/Kalifornien, hat diese Farbvariante als eingetragenes Warenzeichen feststellen lassen (™ = Trademark).
b) „Red Gold Dragon": Der Kopf ist entweder dunkelrot, orange oder gelb, der Körper und die Beine sind grau oder gelb gefärbt.
c) „Red Dragon": Die Agamen haben einen rotgefärbten Kopf und eine dorsale Rotfärbung links und rechts der Wirbelsäule. Ansonsten ist die typische Rautenzeichnung auf dem Rücken sehr dunkel.
d) „Yellow Dragon": Der Kopf ist blaßgelb bis leuchtendgelb gefärbt, der Körper zeigt verschiedene Gelbtöne.
e) „Pastel Dragon": Der Verlust dunkler Pigmentierung wurde verstärkt gezüchtet.

3.4 Bastarde bei Bartagamen

„Vittikins" sind jetzt **die** amerikanischen Kunstprodukte. Der große Schlager! Endlich eine „große Bartagame, die nur mittelgroß wird". Eine weibliche *P. henrylawsoni* und eine männliche *P. vitticeps* haben der amerikanischen Züchterin RYBAK zu einer Schöpfung verholfen, die sie seitdem als „Vittikin" anbietet. Die Vorzüge: Eine mittelgroße Bartagame, temperamentvoll wie eine große, frißt nur die Hälfte und ist handzahm. Die Nachzuchten der „Vittikins" sind keinesweg steril, sie pflanzen sich problemlos mit drei Gelegen pro Jahr fort. Die Gelegegröße beträgt durchschnittlich zehn und bis zu 17 Eier. Die Züchterin entschuldigt sich mit der Verbreitung dieser Tiere in privaten Terrarianerkreisen unter Hinweis darauf, daß die Produkte zweifelsfrei als solche zu erkennen sind. Gleichzeitig schreibt sie in ihrer Bekanntmachung (RYBAK 1996), daß ein Teil der Nachzuchten *P. vitticeps* sehr ähneln und andere mehr wie *P. henrylawsoni* aussehen. Damit dürfte feststehen, daß eine Verschleppung der Kreuzungsprodukte in artreine Zuchtbestände vorprogrammiert ist. Angehörige verschiedener Arten bastardieren in der Regel unter natürlichen Bedingungen nicht, sie sind durch vielfältige Mechanismen reproduktiv voneinander isoliert, z.B. in verschiedenen Biotoptypen, unterschiedlichen Aktivitätszeiten oder geographischer Isolation. Dies schließt offenbar die Erzeugung fruchtbarer Bastarde unter Gefangenschaftsbedingungen nicht immer aus, so wie hier geschehen. Zudem kann nicht ausgeschlossen werden, daß die Bastarde - so gefällig sie äußerlich sein mögen - versteckte Gendefekte tragen, die sich später in Form vermehrter Mißbildungen oder durch Populationseinbrüche bemerkbar machen.
Jeder ernsthafte Züchter sollte daher bemüht sein, ausschließlich Tiere der gleichen Art miteinander zu verpaaren. Nur so läßt sich das natürliche Erbgut und damit die Art als taxonomische Einheit erhalten. Bastardierungen auch auf der Artebene sind für die Wissenschaft durchaus wertvoll, wenn sie gezielt für Untersuchungen über Verwandtschaftsverhältnisse herangezogen werden. Wichtig ist jedoch, daß solche Kreuzungen unter kontrollierten Bedingungen stattfinden.

4. Die Gattung *Chlamydosaurus* GRAY, 1825

4.1 Allgemeines

„Chlamys“ kommt aus dem Griechischen und bedeutet Umhang bzw. Deckmantel. Der Artname bezieht sich auf Philip Parker King (1791-1856), Admiral der Britischen Marine (STORR et al. 1983).
Bei *Chlamydosaurus* handelt es sich um eine monotypische Gattung. Schon länger diskutiert man allerdings, ob es wirklich nur eine einzige Kragenechsenart gibt. Sind die in Farbe und Zeichnung deutlich unterschiedlichen Populationen in Indonesien nicht doch eine eigene Spezies?
Ob eine Überprüfung des Status dazu führt, daß drei Arten oder zwei Unterarten vorgeschlagen werden, ist ungewiß, aber beide Varianten sind durchaus möglich.

4.2 Artbeschreibung

4.2.1 *Chlamydosaurus kingii* GRAY, 1825

Kragenechse

Beschreibung
Größe: KRL: 28 cm, SL: 67 cm, GL: 95 cm. PETERS (1986) kannte Exemplare mit mehr als 1 m Gesamtlänge!

Körperform, Färbung und Zeichnung: Der Körper ist seitlich etwas abgeplattet und mit kleinen Schuppen bedeckt. Ein kleiner Nackenkamm besteht aus leicht vergrößerten Schuppen. Zwei Drittel der Gesamtlänge entfallen auf den Peitschenschwanz. Die Vorderbeine sind kurz, die Hinterbeine sehr viel länger (HARCOURT 1986). Der Kragen wird von einer riesigen Hautfalte gebildet, die von knorpeligen Fortsätzen des Zungenbeins gestützt wird. Die Schnauze ist verhornt und hart, es sind keine beweglichen Gewebestrukturen an der Außenseite des Mauls vorhanden. Da der Echse bewegliche Lippen fehlen, muß sie durch das Bewegen von Ober- und Unterkiefer Nahrung ins Maul führen, die Vorderbeine werden nicht zuhilfe genommen. Die Zunge, ein breites, fleischiges Organ am Boden der Mundhöhle, ist abgerundet. Darunter befinden sich schuppige Platten, die sie vor den unteren, spitzen Vorderzähnen schützen. Die Zungenoberfläche ist mit Papillen bedeckt, von denen einige Geschmacksknospen enthalten. Die Zunge kann ein kurzes Stück hervorgestreckt werden und ist so beweglich, daß sie sperriges Futter in das Maul bewegen kann. Sie nimmt auch Duftpartikel auf, die an das Jakobsonsche Organ weitergeleitet werden. So „assistiert“ sie dem Geruchsorgan. Die Zunge ist ausgestattet mit einer Reihe von Knochen und Knorpeln, durch die sie auch gestützt wird und die in ihrer Gesamtheit das Zungenbeinskelett bilden. Dieses hängt durch verschiedene Muskeln mit den Rändern des Unterkiefers und hinten mit dem Brustbein zusammen. Einerseits stützt es das Kehlgewebe bei den Freßbewegungen sowie beim Atmen und Trinken. Andererseits bewirkt es das Aufstellen der Halskrause. Weiter dient das Zungenbeinskelett als Aufhängung von Muskeln, die für das Vor- und Zurückstrecken der Zunge verantwortlich sind.

***Chlamydosaurus kingii*, ♂**
Foto: H. Bosch

Erschrickt das Tier, öffnet es das Maul und spannt dadurch die Muskeln an, die vom Zungenbein aus wie die Speichen eines Regenschirms die Halskrause durchziehen. Wie beim Regenschirm auch spannt sich die große Hautfalte senkrecht vom Hals ab und präsentiert den kleinen Kopf in einem großen Fächer. Große, gekielte Schuppen bedecken den Kragen. Er umschließt den Schädel seitlich und unterhalb in einem Ausmaß, daß man vom Tier nur noch die Vorderbeine erkennt. Der Rest ist hinter der Halskrause versteckt. Die großen, spitzen Frontzähne wirken wie die Fangzähne eines Raubtiers. Lautes Zischen und der peitschenartig schlagende Schwanz vervollständigen das Bild von einer sehr wehrhaften Echse. Gewöhnlich liegt die Krause dem Körper in Falten an. Auch beim Paarungsverhalten wird der Kragen geöffnet und in voller Pracht gezeigt. Erst einmal aufgestellt, kommen die schönen Farben der Kragenzeichnung richtig zur Geltung: Rot, Gelb, Schwarz und Weiß, lebhaft kontrastierend zum gelbbraunen Körper. Früher nahm man an, daß die Echse mit dem Aufstellen des Kragens einen Schalltrichter bildet, um besser hören zu können. Heute weiß man, daß dies nicht der Fall ist (WERMUTH 1959). Unter der Überschrift „Schirmtrick" haben BURTON & BURTON (1968) in ihrem Buch zwei Beispiele genannt, die wir nachfolgend wiedergeben möchten. „Kein Zoologe hat je einen Vergleich zwischen der Echse und einer Frau angestellt. Damals trugen vornehme Damen Sonnenschirme, und es war nicht ungewöhnlich, daß eine Frau, die beim Überqueren eines Feldes plötzlich einer Kuh gegenüberstand, die Kuh verscheuchte, indem sie schnell dicht vor deren Kopf den Schirm öffnete. Konrad Lorenz erzählte, wie seine Frau Gänse daran hinderte, ihre frisch bepflanzten Blumenbeete zu verwüsten. Sie lief mit einem großen Schirm auf die Gänse zu und spannte ihn dann plötzlich auf, und die Gänse flogen mit donnerndem Flügelschlag auf. Es ist von nicht geringem Interesse, daß eine Eidechse ein ebenso effektives Verteidigungsverhalten entwickelt hat."

Chlamydosaurus kingii, ♀ Foto: H. Bosch

Geschlechtsunterschiede

Die Geschlechter von *C. kingii* sind am besten in der Jugendphase zu unterscheiden. REISINGER (1995) empfiehlt eine genaue Betrachtung der Schwanzwurzel. Wenn die Jungtiere noch keine drei Monate alt sind, lassen sich Männchen gut an den ausgeprägten Hemipenistaschen erkennen. Dies geht später nicht mehr, denn dann ist der Schwanzansatz so dick, daß sich die Hemipenistaschen nicht mehr als solche abzeichnen. Insgesamt werden die Männchen größer als die Weibchen. Eine adulte männliche Kragenechse kann 900 g wiegen. Ein Weibchen wiegt wesentlich weniger. SHINE (1990) gibt für ein Weibchen mit 24 cm KRL 400 g Masse an.

Altersbedingte Variationen und Lebenserwartung

Jungtiere entsprechen im Aussehen den Adulti. Ihr Kragen ist allerdings klein und wenig ausgebildet (COGGER 1992). Territoriales Verhalten setzt ab dem vierten Monat ein. SPRACKLAND (1993) vermutet, daß die Lebenserwartung von *C. kingii* zwischen fünf und sieben Jahren liegt. REISINGER (pers. Mitt.) züchtet mit einem acht Jahre alten Weibchen und schätzt, daß Individuen dieser Art wesentlich älter als zehn Jahre werden können.

Vorkommen

Chlamydosaurus kingii kommt im Norden Australiens in drei Bundesstaaten vor, außerdem noch im südlichen Neuguinea.
Die australischen Tiere unterscheiden sich in Farbe und Zeichnung deutlich von denen aus Neuguinea. Auch die Populationen in Queensland und im Nordterritorium sind unterschiedlich gefärbt. Die lebhaftesten Farben sieht man an den Tieren aus dem Norden bzw. Nordwesten. Die Queensland-Populationen neigen eher zu einem düsteren Braun oder Grau (HOSER 1989). Die Populationen im Nordterritorium sind größer als in Queensland.
Die folgenden Beschreibungen beziehen sich auf den australischen Vertreter der Kragenechsen.

Vorkommen von *Chlamydosaurus kingii*

Biotop

Die tagaktiven Kragenechsen bewohnen Buschland, offene Wälder und Grasland. 90 % ihres Lebens verbringen sie auf erhöhten Plätzen, wie Bäumen und Büschen (SHINE & LAMBECK 1989). Sie haben keine bestimmten Sitzplätze. Man trifft sie überall an: sowohl auf dem Boden als auch auf einem Zaunpfahl, umgefallenen Bäumen oder Termitenhügeln. Wenn sie alarmiert sind, pressen sie sich an den Untergrund. Besonders auf Baumrinde sind sie hervorragend farblich angepaßt. Alternativ umrunden sie bei Störung blitzschnell den Baum, um auf der Rückseite vom Feind nicht mehr gesehen zu werden. Ergreifen sie die Flucht, klettern sie vom Stamm: dabei verlassen sie den Baum nicht kopfabwärts, sondern rutschen behend rückwärts an ihm herunter. Erst kurz bevor sie den Boden erreichen, drehen sie sich um und springen Kopf voran auf den Grund. Dann laufen sie auf zwei Beinen davon. Die Vorderbeine sind dabei am Körper angelegt. Der Schwanz wird beim Laufen horizontal wellenförmig bewegt. Das zweibeinige Rennen wird von *C. kingii* bei der Flucht oder zur Jagd nach Heuschrecken angewandt. Junge Kragenechsen laufen auf allen Vieren (BEDFORD et al. 1993). Von diesen Autoren wissen wir auch, daß sich Kragenechsen bevorzugt auf *Eucalyptus tetrodonta, E. porrecta, E. miniata, Xanthostemum paradoxus, Livistona humilis* und *Calytrix*-Büschen aufhalten. Eine besondere Abneigung haben sie gegen *Melaleuca sp., Pandanus spiralis* und *Eucalyptus confertiflora,* die sie als Kletterbäume meiden (SHINE & LAMBECK 1989). Letztere Baumart ist eine der häufigsten im Biotop der Kragenechsen im Nordterritorium. Sie wird - im Gegensatz zu allen anderen Baumarten dieser Gegend - kaum von Termiten besiedelt, die eine überdurchschnittlich favorisierte Beute der Kragenechsen darstellen.

Über einen Zeitraum von vier Monaten hatten die Autoren drei Tiere mit Sendern bestückt, die Auskunft über den jeweiligen Standort gaben. Die Kragenechsen waren selten auf dem Boden anzutreffen. Wenn sie sich dort bewegten, selbst ganz langsam, dann nur auf den Hinterbeinen. In erster Linie galt dieser Aufenthalt bestimmten Futtertieren auf dem Boden. Sonst lag der Grund in wenigen Interaktionen gegenüber anderen Tieren. Es dauerte nie länger als fünf Minuten, bis sie wieder einen Baum hochkletterten.

Männchen haben einen dreimal größeren Bewegungsradius als Weibchen. Erstere bewegen sich zwischen 50 und 80 m pro Tag in ihrem Habitat. Die Höhe der Bäume betrug zwischen 3 und 20 m, in denen sich die Kragenechsen in einem Abstand von 2-3 m zum Boden aufhielten. Die meisten Tiere waren in ca. 10 m Höhe zu beobachten. Nächtliche Aktivitäten konnten bei *C. kingii* nicht festgestellt werden.

Im australischen Sommer trifft man Kragenechsen in der Regenzeit (Dezember bis April) häufig an. WILSON & KNOWLES (1988) bemerken, daß sie häufig nach Regenschauern von ihrem erhöhten Platz herunterklettern und sich auf dem Boden aufhalten. Der Grund sind schlüpfende Insekten der Hymenoptera (Hautflügler wie z.B. Wespen, Bienen und Ameisen) und Isoptera (Termiten), die von den Kragenechsen gejagt werden.

Während der Trockenzeit (Mai bis August) sind die Echsen dagegen kaum aufzufinden (GRIFFITHS & CHRISTIAN 1996). GREER (1989) konnte sich das Verschwinden der Tiere in dieser Jahreszeit, in der Temperaturen über 30 °C keine Seltenheit sind, nicht erklären. Kürzlich wurde jedoch herausgefunden, daß die Kragenechsen sich hoch oben im Laubdach der Bäume versteckt halten und sich kaum von der Stelle bewegen (BEDFORD et al. 1993). Die Körper- und die Umgebungstemperaturen reichen oft an 40° C heran. Im Kakadu National Park, dem Untersuchungsgebiet von SHINE & LAMBECK, beträgt die jährliche Niederschlagsmenge ca. 1.600 mm, der größte Teil davon fällt in die Monate Januar bis März. Die Höchsttemperaturen reichen im Juli bis 31° C und im Oktober bis 39° C. Selbst wenn die Echsen in den Schatten ausweichen, beträgt ihre Körpertemperatur oft noch 40° C. Ihr großes Problem ist es also nicht, an Wärme zu gelangen, sondern sich vor Überhitzung zu schützen. Eine baumbewohnende Echse wie *C. kingii* hat kaum eine andere Chance gegen die Hitze, als ihr im Schatten zu entgehen. Um die Futter- und Wasserknappheit während der Trockenzeit zu überstehen, sind Kragenechsen gezwungen, ihre Ernährungsgewohnheiten und ihr Verhalten zu ändern: Obwohl die Temperaturen der Trockenzeit leicht unter denen der Regenzeit liegen, senken die Echsen durch aktive Thermoregulation ihre Körpertemperatur überproportional ab (CHRISTIAN et al. 1996). Dadurch verlangsamen sie ihren Stoffwechsel und sparen so Energie und Wasser. Weitere Einsparungen erzielen sie vor allem durch die starke Einschränkung der Bewegungs- und Verdauungsaktivitäten und durch die Verlagerung sozialer Interaktionen (z.B. Fortpflanzung) in die „üppige" Regenzeit. So gelingt es ihnen, den Gewichtsverlust pro Monat drastisch zu senken, obwohl sie während der Trockenzeit nur die Hälfte des Futtervolumens der Regenzeit zu sich nehmen. Gleichbleibende Stoffwechselraten während der Regen- und der Trockenzeit hätten einen monatlichen Gewichtsverlust von 27 % und damit den Hungertod zur Folge. Die tatsächliche Gewichtsabnahme beträgt aber dank der oben genannten Sparmaßnahmen nur 1,3 % pro Monat (CHRISTIAN et al. 1996)! Das Körperwachstum bleibt dabei natürlich auf die Regenzeit beschränkt.

Chlamydosaurus kingii Foto: H.-D. Philippen

Es mag paradox klingen, aber die Buschbrände, die während der Trockenzeit wüten, können dazu beitragen, die Ernährungslage der Kragenechsen zu verbessern (GRIFFITHS & CHRISTIAN 1996b). Kleinere Brände zu Beginn der Trockenzeit überstehen die meisten Tiere, indem sie einfach auf ihren Bäumen verweilen, wo sie von den Flammen nicht erreicht werden. Die größeren Buschfeuer gegen Ende der Trockenzeit fordern dagegen ihren Tribut: bis zu 29 % der Echsen eines beobachteten Gebietes kamen dabei ums Leben (GRIFFITHS & CHRISTIAN 1996b). Für die Überlebenden ist dagegen der Tisch nach dem Feuer umso reicher gedeckt, da die Bodenvegetation entfernt ist und Beutetiere keine Deckung mehr finden. Magenanalysen zeigten, daß die Kragenechsen in verbrannten Gebieten deutlich mehr Insekten erbeutet hatten als in bewachsenem Gelände. Vor allem größere Beutetiere ließen sich offenbar leichter auffinden. Es verwundert daher auch nicht, daß Kragenechsen „brandgerodete“ Areale bevorzugen und sogar aktiv in diese Bereiche einwandern (GRIFFITHS & CHRISTIAN 1996b).

Nahrung

Zum Futterspektrum der Kragenechsen gehören Zikaden, die sie auf Bäumen jagen. Am Boden sind es zahlreiche große Insekten und Spinnen, die zu ihrer Beute zählen. Zum Nachweis des Beutespektrums wurden früher die Reptilien gefangen, abgetötet und aufgeschnitten, um eine Magenanalyse vorzunehmen. Heutzutage wird meist nur noch der Mageninhalt konservierter Museumsexemplare untersucht. Die lebenden Frischfänge exkrementieren oft unmittelbar nach ihrem Fang in die Transportsäcke, oder man klistiert die Tiere und hat so die Möglichkeit der Kotanalyse. Bei den von SHINE & LAMBECK (1989) untersuchten 124 Lebend- und Museumsexemplaren konnten überwiegend Schmetterlingsraupen (in 56 % aller untersuchten Exemplare) im Magen festgestellt werden. Dazu kam ein hoher Anteil grüner Ameisen (*Oecophylla smaragdina*), Termiten und Käfer. Die von Ihnen mit Sendern bestückten Kragenechsen wurden meistens morgens (9.00 Uhr) und nachmittags (17.00 Uhr) beim Beutefang registriert. Sie saßen in 2-3 m Höhe auf ihrem Baum und beobachteten den Boden nach geeigneter Beute. Tauchte etwas Passendes auf, kletterten sie behend rückwärts vom Baum hinunter und liefen auf zwei Beinen hinterher. Hatten sie die Beute eingeholt, verhielten sie auf allen Vieren und überwältigten sie. Sobald die Agamen gefressen hatten, kletterten sie auf den nächsten Baum.

EHMANN (1992) schreibt von Ameisen als Futtertiere, die die Kragenechsen, ähnlich *Moloch*, an Ameisenstraßen und -nestern in großer Menge auflecken. Sie sollen sich auch Vogeleier aus den Baumnestern holen (GERLACH 1960). Kleine Wirbeltiere erbeuten sie ebenfalls, wenn diese ihnen zu nahe kommen. In Gefangenschaft nehmen sie Fleischstückchen, aber nichts Pflanzliches.

Die Kragenechsen gehören zu den „Ansitzjägern", die nach vorbeikommender Beute schauen. Diese Methode der Jagd wird von Arten benutzt, die große Beute schlagen. Ist die Beute klein (Ameisen, Raupen, Termiten), dann wird sie normalerweise aktiv aufgestöbert. Betrachtet man sich die bevorzugte Nahrung der Kragenechsen, sollte man also annehmen, sie stöbern viel herum. Genau das Gegenteil ist jedoch der Fall, was den Untersuchungen von HUEY & PIANKA (1981) widerspricht, die feststellten, daß Echsen, die kleine Beute bevorzugen, sehr viel davon aktiv suchen müssen, um satt zu werden. Berücksichtigt man die auffallenden Körpermaße der Kragenechse, ihre beeindruckende Kiefermuskulatur und raubtierähnliche Bezahnung, glaubt man nicht an eine Kleinfutter bevorzugende Echse. Die sogenannte „kleine Beute" wird von den Kragenechsen nämlich in Hunderter- oder Tausenderstückzahl auf einmal gefressen, wenn die Insekten während der Regenzeit schlüpfen bzw. schwärmen. Bei den Waranen gibt es übrigens durchaus vergleichbare Beispiele, z.B. *Varanus rudicollis*.

Zu einer bemerkenswerten Beobachtung der Aufnahme pflanzlicher Nahrung siehe das Kapitel „Aufzucht der Jungtiere", S. 76.

Natürliche Feinde

Viele Raubvögel, Warane und Riesenschlangen sind potentielle Freßfeinde der Kragenechse. Detaillierte Berichte liegen uns nicht vor. Die Aborigines jagen und verzehren Kragenechsen seit jeher. SCHRIRE (1982) belegt diese Tatsache durch Knochenfunde bei Ausgrabungen im Arnhem Land/Nordterritorium.

Fortpflanzung im natürlichen Lebensraum

Die Fortpflanzungsaktivität der Kragenechse beginnt im Nordterritorium vor der Regenzeit und hält von Dezember bis April an. BEDFORD et al. (1993) konnten nachweisen, daß *C. kingii* pro Saison mindestens zwei Gelege hervorbringt. Die Autoren hatten neun Kragenechsenweibchen für Laboruntersuchungen zur Verfügung. Alle waren trächtig und legten zwischen 12 und 23 Eier pro Gelege. Die Eier aus kleineren Gelegen wogen am Ablegetag durchschnittlich 2,7 g. Die Eier aus dem größten Gelege (23 Stück) wogen durchschnittlich 4,4 g. BEDFORD et al. (1993) bewiesen damit, daß die Eimasse nicht innerhalb eines Geleges, sondern zwischen verschiedenen Gelegen variiert. Zum Ende der Untersuchungen wurden drei Weibchen – nach der Eiablage – mit Sendern bestückt und in die Freiheit entlassen. Mit Radar und

Piepser wurden sie alle 14 Tage geortet, eingefangen und mittels Röntgen auf Trächtigkeit untersucht und sodann erneut freigelassen. Von den drei Weibchen waren bald zwei erneut trächtig, zum zweiten Mal in einer Saison. Die Tragzeit dauerte vier bis fünf Wochen, dann legten die Weibchen ihre Eier ab. Eines der „Nester“ wurde vermessen. Es war 10-15 cm tief ausgehöhlt. Das Weibchen hatte zehn Eier vergraben. Die Bodentemperaturen am Eiablageplatz betrugen 28,8-33,7° C. Morgendliche Durchschnittswerte zwischen 9.00 und 10.00 Uhr waren 29,5° C, nachmittags zwischen 16.00 und 17.00 Uhr ca. 31,9° C. Die Inkubationszeit im Freiland betrug 69 Tage. Am 24.01.1993 schlüpften alle zehn Jungtiere. Acht davon saßen nur 1,5 m vom Ablageplatz entfernt in einem *Calytrix*-Busch. Die Autoren fanden in sechs Fällen Schlüpflinge, die in Gruppen in einem kleinen Baum oder einem Gebüsch saßen. Erwachsene Tiere wurden dagegen nie in einer Gruppe angetroffen. Ob die „Clubbildung“ der Jungtiere dem Schutz gegen Angreifer dient, stellen BEDFORD et al. (1993) zur Diskussion. Sie verwiesen auf GREEN et al. (1978), die solches für Jungtiergruppen von *Iguana iguana* annehmen.
Unter Laborbedingungen dauerte die Inkubation der Eier 73-80 Tage bei einer Durchschnittstemperatur von 30° C. Nach nur 54 Tagen schlüpften Kragenechsen-Jungtiere in einem Inkubator, den man auf konstant 33° C eingestellt hatte.

Chlamydosaurus kingii, Nachzucht im Ei.
Foto: M. Schiberna

Terrarienhaltung

Terrarium Typ I.

Die erste Kragenechse, die lebend Europa erreichte, wurde von dem Naturforscher Kent im Jahr 1893 aus Australien mitgebracht und in einem Londoner Museum einem Auditorium Gelehrter vorgestellt (BURTON & BURTON 1968). Terrarienbeobachtungen wurden bisher kaum veröffentlicht. Das liegt daran, daß vor 1990 nur sehr wenige dieser Tiere in Zoos und privat gehalten wurden. Es waren meist betagte Einzelexemplare, die nur wenig beachtet wurden. Der späte Durchbruch kam mit MANFRED REISINGER/Ergolding, der die als „besonders schwierig“ eingestufte Art reichlich nachzüchtete. In der 1993er Nachzucht-Statistik der DGHT sind 26 *Chlamydosaurus kingii*-Jungtiere verzeichnet, die von ihm gezüchtet wurden. Andere Züchter haben von diesem Stamm profitiert und zwei Jahre später eigene Jungtiere vorstellen können. Inzwischen (Oktober 1996) wird die Zahl der in Deutschland gehaltenen Kragenechsen auf 400 Exemplare geschätzt. Der legale Import von Kragenechsen aus Indonesien führt über den Groß- und Einzelhandel. Damit verbunden ist ein hohes Risiko für den Käufer, denn die Wildfänge sind häufig massiv belastet mit Parasiten (WEIS 1996). Die Behandlung und lange Quarantäne sind nicht immer erfolgreich. Besser ist es, Nachzuchten zu erwerben.
Gute Terrarien- und Zuchtangaben können bei REISINGER (1995) nachgelesen werden. Für die Haltung eines adulten Pärchens *C. kingii* schla-

gen wir ein großzügiges Terrarium vor, das die Ausmaße einer Telefonzelle hat: 130 x 100 x 200 cm (L x B x H). Die Terrariengröße dürfte für viele Interessenten und Käufer abschreckend sein. Aber diese Mindestmaße sind nötig. Für eine verhältnismäßig preiswerte Kragenechse ein so großes und damit teures Terrarium? Wer da zweifelt, sollte sich beim Züchter die großen Terrarien ansehen und dann seine Kaufentscheidung gut überdenken. Einige Halter empfehlen eine Einzelhaltung der Kragenechsen und nur für die Paarung zwei Tiere zu vergesellschaften, die nach ein paar Tagen dann wieder getrennt werden.

Das Terrarium wird mit Kletterästen, die vom Boden bis an die Decke reichen, einer Trinkwasserschale und einem 5 cm hohen Bodengrund aus grobem Sand einfach eingerichtet. Eine natürliche Terrarienbepflanzung kann man sich schenken, denn die Tiere zerstören in kürzester Zeit jegliches Wachstum. Besser beraten ist man mit stabilen künstlichen Pflanzen, die den ansonsten sterilen Behälter optisch ansprechend aufpeppen. Beleuchtet wird mittels Tageslicht-Leuchtstoffröhren (TLD-Serie) und ein bis zwei Spot- bzw. Halogenstrahlern. Die Temperaturen reichen am Tag bis 38° C, nachts sinken sie auf Zimmertemperatur ab. Jeden Morgen, bevor das Licht eingeschaltet wird, wird im Terrarium kräftig Wasser versprüht. Die Tiere häuten sich problemlos, nur wenn hartnäckige Reste verbleiben, müssen sie außerhalb des Behälters in lauwarmem Wasser gebadet werden.

Auch der Aspekt, wie oft sich das Tier bewegt, will vor dem Kauf gut bedacht sein. Kragenechsen verweilen nämlich 90 % des Tages unbeweglich auf ihrem Sitzplatz. Die einzige Abwechslung ist die Fütterung. Darauf reagieren sie umgehend und verlassen ihren Platz. Insgesamt gesehen sind sie durchweg zahm und nehmen das Futter aus der Hand. Eine zu häufige Fütterung (um das „Standbild“ in Bewegung zu bringen) führt dazu, daß die Kragenechsen verfetten. Dicke Echsen sind für die Haltung und

Chlamydosaurus kingii

Foto: H.-D. Philippen

Zucht absolut ungeeignet. Wir plädieren dafür, die Ruhe drei bis vier Tage zu ertragen, um dann eine Action-Szene durch eine Heuschrecken- und Schabenfütterung zu inszenieren. Eine Vergesellschaftung mit anderen Echsen ist möglich. HARCOURT (1986) pflegte problemlos je eine Gruppe *Egernia hosmeri* und *Chlamydosaurus kingii* in einem größeren Terrarium. Die Großechsen verhielten sich niemals aggressiv gegenüber den kleineren Stachelskinken. Derselbe Autor berichtet auch davon, daß seine Kragenechsengruppe anfangs im Terrarium nur Sprühwasser von den Dekorationspflanzen leckte, später aber dazu überging, Wasser aus einem Behälter zu trinken.

Vermehrung im Terrarium

Für eine erfolgreiche Nachzucht der Kragenechse empfiehlt es sich, eine Winterruhe durchzuführen. Vor der Winterruhe wird die Fütterung zuerst schrittweise reduziert und dann ganz eingestellt. Ein warmes Bad kurz vorher ist ratsam; es regt die Tiere zur Darmentleerung an. Der

Chlamydosaurus kingii, Nachzucht.
Foto: H. Bosch

Stoffwechsel kommt während des Winters nicht völlig zum Stillstand, sondern wird auf ein Minimum reduziert. Die Temperaturen werden allmählich gesenkt, schlußendlich wird die gesamte Beleuchtung und Heizung abgeschaltet. Eine zusätzliche Kühlung ist nicht notwendig. Als Temperaturminimum reichen nach unserer Erfahrung 18-20° C völlig aus. Nach sechs bis zehn Wochen wird die Winterruhe beendet. Die Aufwach- und Eingewöhnungsphase sollte 10-14 Tage dauern. Hält man die Geschlechter sonst getrennt, sollten sie nun zusammengesetzt werden.

Bei der anschließenden Paarung verbeißt sich das Männchen in der Halskrause des Weibchens, um sich festzuhalten und anschließend zu kopulieren. Die Tragzeit dauert vier bis sechs Wochen, danach werden die Eier in einem mäßig feuchten Substrat vergraben (Vermiculite oder Sand/Erde-Gemisch). HOSER (1989) hat mehrere jeweils 5,3 g schwere Eier vermessen; sie waren 28,5 mm lang und 20 mm breit. Bei 28,5° C Inkubationstemperatur schlüpfen die Jungtiere nach drei Monaten. SCHIBERNA (pers. Mitt.) empfiehlt eine Bruttemperatur von 31° C mit einer daraus resultierenden Inkubationszeit von höchstens 78 Tagen. Bei tieferen Temperaturen betrug die Schlupfrate 70 %, mit den höheren Werten 100 %. Bruttemperaturen von etwa 31° C entsprechen eher den Freilandmessungen von BEDFORD et al. (1993).

Aufzucht der Jungtiere

Schlüpflinge haben eine Gesamtlänge zwischen 13,5 und 16,5 cm. Schon nach einem Tag nehmen sie Nahrung an. Von SCHUSTER/ Roßdorf und SCHIBERNA/ Stuttgart wurde uns mitgeteilt, daß ihre Kragenechsen-Jungtiere gelegentlich Apfelsinen- und Kiwistückchen fressen, die ihnen mit einer Pinzette angeboten werden. Diese Beobachtung ist schon als sensationell zu bezeichnen, denn bisher wurde ausgeschlossen, daß Kragenechsen Vegetarisches zu sich nehmen (GREER 1989).

Bis zum vierten Monat kann man normalerweise die Nachzuchten zusammen großziehen, danach bilden sie Territorien aus und beißen sich. Gestreßte Jungtiere zeigen ihr Unwohlsein dadurch, daß sie keinen erhöhten Sitzplatz einnehmen, sondern auf dem Boden kauern. Eine Trennung und Einzelhaltung hilft oft ganz spontan.

IRWIN & IRWIN (1995) berichten von einer trächtigen Kragenechse, die in den „Queensland Reptile und Fauna Park" gebracht wurde, nachdem sie einen Zusammenstoß mit einem Auto nur knapp überlebt hatte. Sie verstarb trotzdem. Von den zehn Eiern, die man ihr nach einer Sektion entnehmen konnte, gelangten zwei zur Eireife. Beide Jungtiere schlüpften selbständig, waren aber sehr schwach und hatten Probleme mit der Atmung. Sie wurden erfolgreich beatmet, blieben aber dennoch tagelang lethargisch. Sie mußten lange zwangsgefüttert werden. Eines der beiden verstarb nach einem halben Jahr, das andere entwickelte sich prächtig.

Anmerkung

GREER (1989) beschreibt eine plötzliche Popularität der Kragenechse in den Jahren 1982 bis 1984. Viele japanische Touristen besuchten Australien, weil sie eine Kragenechse sehen wollten, entweder im Zoo oder in freier Wildbahn. Plötzlich hatte die Kragenechse den gleichen Beliebtheits- und Bekanntheitsgrad wie schon der Koalabär und das Känguruh. Der Grund ihres Interesses war der Bluff durch die Zurschaustellung des Kragens; diese kunstvolle Selbstdarstellung wurde in Japan bewundert. Der weitere Grund für diesen plötzlichen Ruhm soll ein kommerzieller Videowerbespot für ein Auto gewesen sein, in welchem eine Kragenechse mitwirkte. Kragenechsen waren damals so beliebt bei Japanern, daß sie für eine australische 2-Cent-Münze, auf der eine solche Echse abgebildet ist, 1 Dollar pro Stück in Japan bezahlten.

Wir auch (die Autoren A. Hauschild & H. Bosch). Foto: H.-D. Philippen

Darstellungen von *Chlamydosaurus kingii*
gestern: Felszeichnung, Maddjurnai / N. T.
und heute: Aborigines-Kunst nach Lisa O'Mara

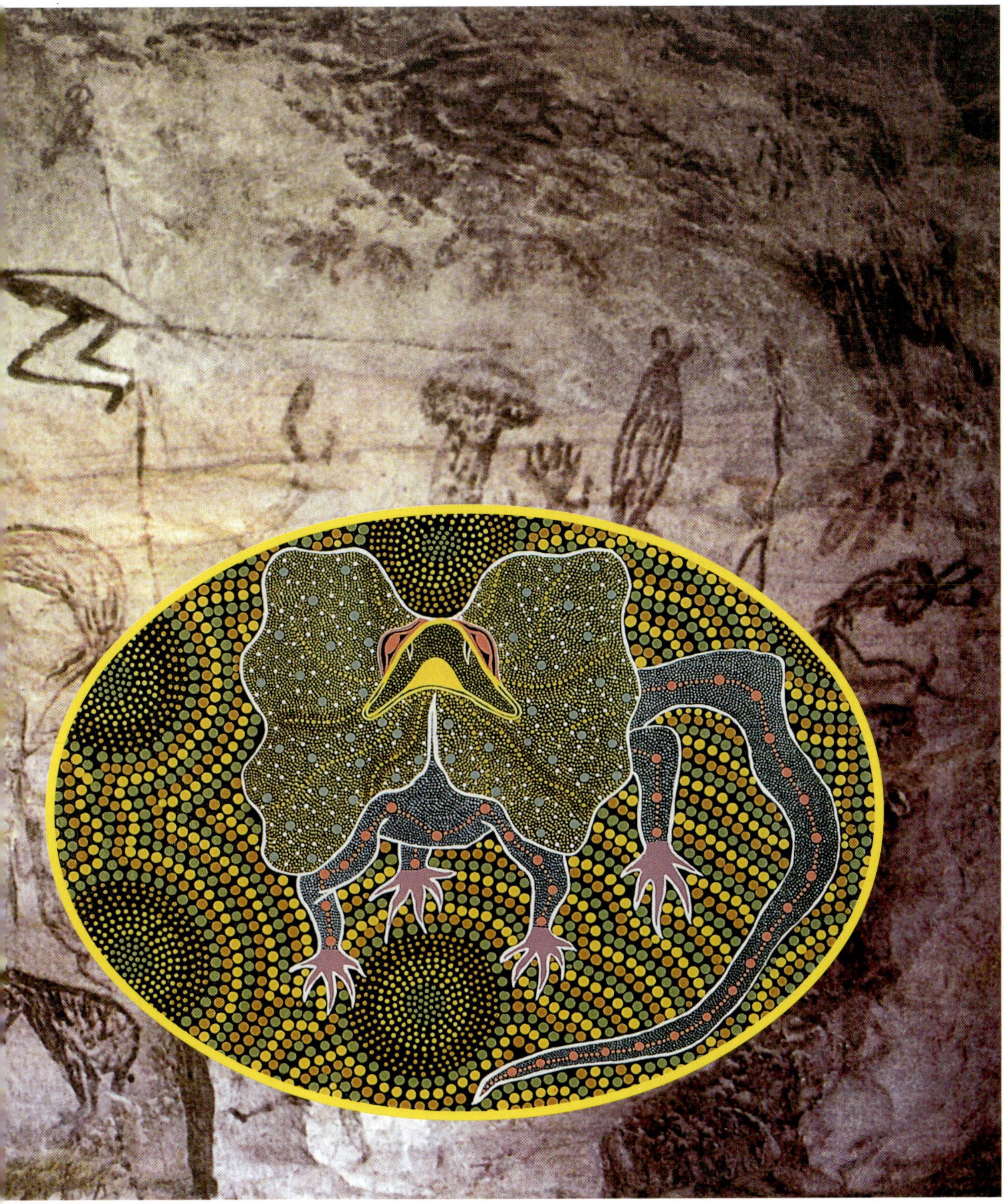

5. Erkrankungen von Bartagamen und Kragenechsen

Bartagamen und Kragenechsen können im Terrarium bei nicht adäquaten Haltungs- und Ernährungsbedingungen von mannigfachen infektiösen (virusbedingten, bakteriellen, mykotischen oder parasitären) und nicht infektiösen Erkrankungen heimgesucht werden. Dabei treten auch bei diesen Agamen - wie bei anderen niederen Wirbeltieren in menschlicher Pflege - vorwiegend Krankheitsbilder auf, die aus dem Freiland bisher nicht berichtet wurden und deshalb als haltungs- oder ernährungsbedingte „Gefangenschafts-Artefakte", also als durch unzulängliche Terrarienverhältnisse induzierte „Kunstprodukte" zu bewerten sind. Jede Reptiliengruppe scheint dabei ganz spezifische „Anfälligkeiten" zu haben. Während bei den Leguanen ernährungsbedingte Krankheitsbilder - wie die durch Fehlernährung ausgelösten auffälligen Erkrankungen des Knochengerüstes oder die vielfältigen Erscheinungsformen der Gicht - in den Vordergrund treten, scheinen bei Agamen insbesondere haltungsbedingte Defekte zu dominieren. Auch wenn Bartagamen und Kragenechsen äußerlich einen unverwüstlichen, äußerst „robusten" Eindruck machen, nehmen sie länger andauernde Mißverhältnisse in ihren „gewohnten" Haltungsparametern, also z.B. für sie ungeeignete (unphysiologische) Temperatur- und Feuchtigkeitsverhältnisse, äußerst übel. Für den Laien kaum erkennbar leiden sie „still", oft über längere Zeiten, um „plötzlich" und „ohne ersichtlichen Grund" (wie einem immer wieder beteuert wird) zu sterben! Die Sektionen fördern dann, neben Organdegenerationen, Tumorbildungen oder verschiedenen Stufen der Gicht, häufig „nur" triviale Sekundärinfektionen zutage, denen ein pflegebedingter Kollaps des körpereigenen Immunsystems vorausgegangen war.

Die häufigsten Infektionskrankheiten von Bartagamen oder Kragenechsen in Terrarienanlagen stellen sich als bakterielle Infektionen immunsupressiver Tiere heraus. Selbst ubiquitäre, nicht primär pathogene Erreger (also überall vorkommende Organismen, die unter „normalen" Bedingungen nicht automatisch zu einer Erkrankung führen) können in chronisch gestreßten Agamen mit einem geschwächten Immunsystem schnell zum Krankheitsbild einer schweren generalisierten Bakterieninfektion führen, bei der alle Organsysteme mehr oder weniger stark betroffen sind. Auffallend und als Todesursachen verantwortlich zu machen sind dann vorwiegend Entzündungen der Lungen (Pneumonie), des Magen-Darm-Traktes (Gastro-Enteritiden), der Leber (Hepatitiden), der Nieren (Nephritiden) oder auch des Herzmuskels bzw. Herzbeutels (Myocarditiden, Pericarditiden) etc.

Unter den äußerlich sichtbaren, häufigen Infektionskrankheiten „falsch" gepflegter Bartagamen und Kragenechsen sind neben mannigfachen bakteriell bedingten Abszeßbildungen vor allem die Mykosen (Pilzinfektionen) verschiedener Erregerarten zu nennen. Diese geben sich vor allem durch nässende Hautläsionen zu erkennen und sind oft nur schwer therapierbar, wenn zuvor keine Erregerbestimmung erfolgte.

Bartagamen und Kragenechsen weisen als Bewohner eher wasserferner Lebensräume auch im natürlichen Verbreitungsgebiet - soweit bekannt - eine weitaus geringere Parasitierung auf als Echsenformen, die Gewässer oder wassernahe Biotope bewohnen.

Unter den parasitären Infektionen überwiegen bei unseren in Rede stehenden australischen Agamengruppen, sowohl bei Wildfängen als auch bei Nachzuchten, unter den Magen-Darm-bewohnenden Formen die eher harmlosen Oxyuren (Madenwürmer oder Pfriemenschwänze), welche sich im letzten Darmabschnitt finden. Seltener werden bei diesen Echsen die gefährlicheren Ascariden (Spulwürmer), Rhabdiasiden (Lungenwürmer), Strongyliden (Bursa-

Nematoden) oder Spiruriden („Rollschwänze") angetroffen, die alle bei schwerem Befall zum Tod führen können. Unter den Lungenparasiten überwiegen bei den Bartagamen Pentastomiden (Zungenwürmer), die bei in Menschenobhut gehaltenen Tieren - wie sich herausgestellt hat - in sogenannten Enzosotien ganze Reptilienbestände infizieren können und in Einzelfällen auch zum Exitus führen! Nur ganz vereinzelt werden bei diesen australischen Agamen Cestoden (Bandwürmer) als Dünndarmparasiten nachgewiesen. Andere Parasitenformen aus den Gruppen der Protozoen (Einzeller) oder Trematoden (Saugwürmer) sind vorwiegend von akademischem Interesse.
Für die Haltung von Bartagamen und Kragenechsen in Terrarien sind - wie für andere Terrarienpfleglinge auch - insbesondere solche Parasiten von Relevanz, die einen direkten Entwicklungskreislauf, ohne Einschaltung eines Zwischenwirtes, aufweisen und sich so unter unhygienischen Bedingungen explosionsartig vermehren können. Dies trifft - soweit bekannt - vor allem für die ektoparasitischen Milben, aber nur für einzelne Formen von Innenparasiten zu.
Insgesamt spielen jedoch die gerne verteufelten Parasiten im Infektions- und Krankheitsgeschehen von Bartagamen und Kragenechsen - im Vergleich zu anderen Echsengruppen - nur eine untergeordnete Rolle!

5.1 Befunde aus Sektionen gestorbener Bartagamen und Kragenechsen

In den Tabellen sind Sektionsbefunde von 93 Bartagamen bzw. 24 Kragenechsen zusammengestellt. Die sezierten Echsen kamen alle aus Gefangenschaftshaltungen (Zoo- und Hobby-Terrarien), waren unterschiedlich lange Terrarienbedingungen ausgesetzt und wurden in den Jahren zwischen 1966 und 1984 am Zoologischen Institut, Fachgebiet Parasitologie (Professor Dr. W. FRANK) der Universität Hohenheim - u.a. auch vom Zweitautor (BOSCH) - seziert. Soweit bekannt, ist dies das zahlenmäßig umfangreichste Sektionsergebnis von Bartagamen und Kragenechsen aus Haltungen in menschlicher Obhut, aus dem ganz klare „Trends" von Erkrankungshäufigkeiten abzulesen sind.

Tabelle 6 – Pathologisch/Parasitologische Befunde bei 93 sezierten Bartagamen
(36 Wildfänge, 44 Nachzuchten, 13 nicht bekannt)

Angetroffene Krankheitsbilder	Anzahl Agamen	%
Hepatitis/Hepatose	30	32
Pneumonie	26	28
Gicht	20	21,5
Nephritis/Nephrose	17	18
Gastro-Enteritis	16	17
Kachexie/Marasmus	6	6
Trauma	6	6
Magenüberfrachtung	5	5
Tumorbildungen	4	4
Herzmuskelentzündung	2	2
Peritonitis	2	2
Legenot/Trächtigkeitstoxikose	2	2
Koprostase	1	1
Meningitis	1	1
Struma	1	1
Streß	1	1
Ohne besonderen Befund	9	10

Tabelle 7 – Angetroffene Infektionen

Angetroffene Infektionen	Anzahl Agamen	%
1. Parasitosen		
Oxyuren	25	27
Ascariden	1	1
Pentastomiden	11	12
Cestoden	1	1
Amöbiasis	1	1
2. Generalisierte Bakteriosen	17	18
3. (Haut-) Mykosen	6	6
4. Virosen	?	?

Befunde bei Bartagamen

Über 30% (!) der 93 sezierten Bartagamen wiesen einen pathologischen Leberbefund auf, der von einer Leberentzündung bis hin zu einer schweren fettigen Degeneration des Leberparenchyms („Fettleber“) reichen kann. Mit Ausnahme der nur in Einzelfällen diagnostizierten bakteriellen oder parasitären Leberentzündungen handelte es sich aber in der Regel um durch eindeutig inadäquate Haltungs- und Ernährungsbedingungen verursachte unterschiedlich schwere fettige Leberdegenerationen. Durch Pestizide kontaminierte Futtertiere und Pflanzen dürften hier eine ganz wesentliche Rolle spielen. Nahezu 30% der untersuchten Bartagamen litten unter teilweise schweren Entzündungen der Lungen. Neben den häufigen bakteriellen Pneumonien, begünstigt durch unphysiologische Haltungsparameter, gingen in diese Untersuchung auch überproportional viele parasitäre Pentastomiasis-Pneumonien von Bartagamen aus Reptilienhaltungen zoologischer Gärten ein. Dort konnten sich diese Lungenbewohner durch für sie extrem günstige Verhältnisse epidemisch im Reptilienbestand ausbreiten.

Bei der Gestaltung und der Lage der Agamenterrarien ist grundsätzlich darauf zu achten, daß keine scharfen kalten Luftströmungen auf die erhitzten Agamen treffen können.

Eine weitere Ursache von vorwiegend trockenen Pneumonien können Schleifstäube von Kunststoff-Dekorationen (z.B. Polyester, Epoxidharze etc.) sein. Es ist auf jeden Fall darauf zu achten, daß derartige „künstliche“ Dekorationen vor Einsatz der Tiere „staub- und abriebfrei“ gewaschen wurden.

Jede fünfte sezierte Bartagame (über 20%) litt unter einer Gicht! Dies ist insofern dramatisch zu werten, als diese offenbar häufige Stoffwechselkrankheit von Terrarien-Bartagamen aus dem Freiland nicht bekannt ist und ihre Ursachen nur in „nicht artgerechter Terrarienpflege“ haben dürfte. Neben der reinen Nierengicht trat auch sehr häufig die viszerale Verlaufsform auf, bei der die in der Regel leuchtend weiß gefärbten Urate (Salze der Harnsäure) auf und in den Organen der Leibeshöhle sowie den serösen Häuten ab- bzw. eingelagert werden. Betroffene Organe oder Gewebe können durch die Harnsäurefoci grell weiß getupft, gesprenkelt oder auch durchsetzt (infiltriert) erscheinen. Im Herzbeutel oder der Leberkapsel etc. können auch massive, millimeterdicke Harnsäuremassen ein- oder aufgelagert sein, die eine normale Funktion der betroffenen Organsysteme nicht mehr zulassen dürften und zwangsweise zum Exitus führen. In schweren Fällen von Herzgicht spricht man auch sehr treffend von einem „Panzerherzen.“ Hier ist der Herzmuskel in der Harnsäurekapsel des durch eingelagerte Urate starr gewordenen Herzbeutels förmlich „eingesargt“.

Sowohl Nierengicht als auch die verschiedenen „Stufen“ der viszeralen Gicht sind nach bisherigen Erkenntnissen nicht reversibel, also nicht heilbar. Zu trockene Haltungsbedingungen in Kombination mit zu eiweißreicher und ballaststoffarmer Ernährung werden als Ursachen für diese schwere Stoffwechselerkrankung verantwortlich gemacht. Die Prophylaxe einer Gicht ist am besten durch die präzise Kenntnis der Bedürfnisse seiner Pfleglinge und deren Umsetzung bei der Terrarienhaltung gewährleistet. Regelmäßiges Sprühen mit handwarmem Wasser zur Erhöhung der Luftfeuchtigkeit in den oft viel zu trockenen Zimmerterrarien, am besten morgens und abends, hat sich bestens bewährt.

Manchmal kann man dann beobachten, wie die Bartagamen sofort die sich niederschlagenden Wassertropfen aufnehmen. Grundsätzlich ist bei Bartagamen darauf Wert zu legen, daß neben unterschiedlichster tierischer Kost auch regelmäßig verschiedenes, faserstoffreiches pflanzliches Futter zur Auswahl angeboten wird.

Akute Nierenentzündungen bis hin zu schweren chronischen Nephropathien wurden etwa ebenso häufig vorgefunden wie Entzündungen des Magen-Darm-Traktes und generalisierte bakterielle Infektionen. In der Regel handelt es sich bei die-

sen zuletzt genannten Befunden um typische Schwächeinfektionen haltungsgestreßter Echsen. Mangelernährung (Hungertod) und altersbedingte Auszehrung wurden bei 6% der untersuchten Bartagamen nachgewiesen. Verletzungen, z.B. nach inner- oder zwischenartlichen Beißereien, und traumatische Kollisionen mit Einrichtungsgegenständen der Terrarien, die als „Unfälle" zu werten sind, wurden zusammen ebenfalls bei 6% der sezierten Bartagamen entdeckt.
Magenüberfrachtung, in der Regel nach unsachgemäßem und zu opulentem „Zwangsfüttern", mußte bei 5 % der Bartagamen als am Todesgeschehen beteiligt gewertet werden. Ein deutlicher Hinweis auf den oft nicht tiergemäßen Umgang mit diesen Reptilien.
Tumorbildungen, in der Regel bei älteren Tieren, wurden bei 4% der Bartagamen festgestellt. Die übrigen Befunde, wie z.B. Leibeshöhlenentzündung, Legenot bis hin zur sogenannten „Trächtigkeitstoxikose", Kotstau, Hirnhautentzündung oder eine Kropfbildung wurden jeweils „nur" in Einzelfällen erkannt. Bei 10 % der sezierten Bartagamen konnte auch nach Eröffnung und eingehender Inspektion kein besonderer Befund erhoben werden. Möglicherweise sind diese Fälle auch schlicht unter der Überschrift „Terrarienstreß" einzuordnen?
Der Nachweis von Parasiten bei gestorbenen Terrarienreptilien „leidet" unter den vorausgegangenen Verabreichungen der verschiedenen Antiparasitika. Unter den bei den Sektionen der 93 gestorbenen Bartagamen noch nachgewiesenen Parasitenformen dominierten klar die Oxyuren, die nahezu bei jeder dritten Bartagame angetroffen werden konnten. Das Gefährdungspotential dieser bei Agamen mit normaler Nahrungsaufnahme und Verdauungstätigkeit regelmäßig ausgedünnten, deshalb vernachlässigbaren Enddarmbewohner ist nur dann beachtlich, wenn Wirte zusammen mit einem üppigen Oxyurenbesatz in eine Ruhephase geschickt werden. Die Oxyuren schlafen dann erfahrungsgemäß nämlich nicht, können aber von dem ruhenden Wirt nicht mehr ausgetrieben werden. Deshalb ist es unabdingbar, Agamen vor einer notwendigen Ruhephase routinemäßig gegen Oxyuren zu therapieren.
Zu den hohen Pentastomidenzahlen dieser Untersuchung ist zu sagen, daß Bartagamen im natürlichen Verbreitungsgebiet eine „eigene", sehr dünn verbreitete Zungenwurmart beherbergen, die bei Sektionen bisher aber nur ganz vereinzelt nachgewiesen wurde. Bei den in den sezierten Terrarien-Bartagamen angetroffenen Exemplaren hat es sich nämlich um Pentastomiden (Raillietiellen) gehandelt, die in Reptilienhaltungen mehrerer zoologischer Gärten grassierten, wenig wirtsspezifisch waren und wahllos Echsenwirte infizierten. Dabei bewiesen sich Bartagamen als besonders taugliche Pentastomidenwirte.
Erschreckend hoch ist auch der Prozentsatz (6%) von Bartagamen mit Pilzinfektionen. Diesen müssen klare Haltungsfehler vorausgegangen sein, welche die normalerweise für Pilze nur schwer durchdringbare Hautbarriere der Bartagamen aufgeweicht haben.
Die Diskussion über Virusinfektionen bei Reptilien ist erst in den letzten Jahren in Gang gekommen. Bei unseren beiden australischen Agamengruppen kommt ihnen bisher noch eine rein akademische Bedeutung zu. Erst Anfang der 80er Jahre wurden auch in der Gattung *Pogona* erste Adenoviren aufgefunden. Auch 15 Jahre später ist es bei singulären Adenovirusnachweisen in diesem Agamengenus geblieben. Über die pathogene Relevanz dieser Virusnachweise liegen aber noch keine abschließenden Urteile vor.

Befunde bei Kragenechsen

Der auffälligste und gravierendste Befund bei den 24 (bis 1984) unter Terrarienverhältnissen gestorbenen und sezierten Kragenechsen (siehe Tab.) war, daß 25 % unter den Symptomen einer Legenot bis hin zu einer sogenannten „Trächtigkeitstoxikose" verendet waren. Ein erschreckender Hinweis auf die (wenigstens in der Vergan-

Tabelle 8 – Pathologische Befunde bei 24 sezierten Kragenechsen (Wildfänge)

Pathologische Befunde	Anzahl Agamen	%
Legenot/Trächtigkeitstoxikose	6	25
Bakterieninfektionen	6	25
Gastro-Enteritis	5	21
Kachexie/Marasmus	5	21
Gicht	5	21
Pneumonie	4	17
Trauma	3	12,5
Hepatitis/Hepatose	2	8
Herzmuskelentzündung	2	8
Mykosen	1	4
Tumorbildungen	1	4
Allgemeine Organdegeneration	1	4
Peritonitis	1	4

genheit) unzulänglichen Haltungsbedingungen dieser schönen Echsen, bei denen ganz offenbar geeignete Ablagemöglichkeiten für die trächtigen Weibchen stark vernachlässigt wurden! Auch die ebenso hohe Prozentzahl (25 %) bei den als typische „Schwächeerkrankungen“ zu wertenden Bakterieninfektionen weist zusammen mit den hohen Zahlen für Magen-Darm-Entzündungen (21 %), Fehlernährungen (21 %) oder Lungenentzündungen (17 %) klar in die Richtung unzulänglicher Gefangenschaftsverhältnisse.
Interessanterweise mußte - wie bei den Bartagamen - in 21 % der sezierten Kragenechsen eine Gicht diagnostiziert werden, auch hier wahrscheinlich eine Folge zu trockener Terrarien. Doppelt so hoch wie bei den Bartagamen (6 %) war mit 12,5 % aber die Zahl aufgetretener Verletzungen. Demgegenüber gering war bei den sezierten Kragenechsen die Zahl festgestellter Lebererkrankungen. Nur 8 % (gegenüber 32 % bei den Bartagamen) wiesen einen pathologischen Leberbefund auf. Bei ebenfalls 8 % wurde eine Herzmuskelinfektion gefunden. Dies könnte ein Hinweis auf eine hohe Streßbelastung dieser Agamen unter Terrarienbedingungen sein.

Alle anderen Befunde waren nur bei einzelnen Tieren zu erheben und sind deshalb noch wenig aussagekräftig.

Vergleich der Befunde
Aus dem direkten Vergleich der pathologischen Befunde der beiden Agamengruppen scheint sich abzuzeichnen, daß Kragenechsen auf unzureichende Terrarienverhältnisse wesentlich sensibler reagieren als die „unkomplizierteren“ Bartagamen, indem sie z.B. einen ihnen nicht willkommenen Ablageplatz für ihre Gelege nicht so willig akzeptieren. Organdegenerationen scheinen demgegenüber bei Bartagamen verbreiteter zu sein.
Parasiteninfektionen spielen im Krankheitsgeschehen bei Kragenechsen (nur in Terrarien?) keine dominierende Rolle zu spielen. Dies ist vielleicht eine Konsequenz aus ihrer natürlichen Futtertierpalette, bei der von vielen Parasitenformen offenbar wenig frequentierte Zwischenwirte dominieren. So bleiben die Parasitengruppen übrig, die eine direkte Entwicklung bevorzugen.

5.2 Gesundheitliche Probleme in der Terrarienpraxis

Parasitäre Infektionen
Unter den parasitären Infektionen bei *Pogona* und *Chlamydosaurus* überwiegen Oxyuren. Wenn man sie bekämpfen will, geschieht dies am wirkungsvollsten mit dem gut verträglichen Molevac (Parke-Davis) in der Dosierung von 1 ml pro kg KGW (Körpergewicht). Es genügt eine einmalige Gabe, die in größeren Zeiträumen, spätestens aber vor geplanten Ruhephasen zu wiederholen ist.
Ascariden (Spulwürmer) und andere Darmnematoden reagieren empfindlich auf den Wirkstoff Fenbendazol (Panacur, Hoechst) in der Dosierung 30 (bis 50) mg Wirkstoff pro kg KGW; insbesondere bei Ascariden sollte dieser mehrmals verabreicht werden.

Ein weiterer erfolgreicher Wirkstoff gegen Fadenwurminfektionen ist Febantel (Rintal, Bayer), mit dem Darm und Lungen bewohnende Nematodenarten mit einer Dosierung von 50 mg pro kg KGW, täglich über fünf bis sieben Tage verabreicht, ausgetrieben werden können.
Pentastomiden - wie auch alle anderen Innenparasiten sowie Milben und Zecken - können mit dem Wirkstoff Ivermectin (Ivomec; Merck, Sharp & Dohme MSD) schon in geringsten Dosierungen von unter 0,5 mg pro kg KGW abgetötet werden. Sie verbleiben dann aber in den Lungen und können bei schwerem Befall durch ihre Zersetzungsprodukte zum Exitus des Wirtes führen. Deshalb kann diese Indikation nicht empfohlen werden.
Bei bakteriellen Infektionen von Bartagamen und Kragenechsen sollten zuerst die Haltungsbedingungen einer kritischen Überprüfung unterzogen werden. Oft reichen schon als geringfügig erachtete Verbesserungen, z.B. eine Erhöhung der Temperatur, der Luftfeuchtigkeit oder ein Angebot von natürlichem Licht (ungefiltertes Sonnenlicht!) als erfolgreiche Therapie aus. In hartnäkkigen Fällen wird die Erstellung eines Antibiogramms mit der Herausarbeitung des Wirkstoffs der Wahl in einem dafür geeigneten Untersuchungsamt empfohlen. Gerade in den letzten Jahren sind in einigen neu auf den Markt gekommenen Publikationen verschiedener Verlage aktuelle Forschungsresultate und Behandlungserfolge auch mit neuen Wirkstoffen aufgegriffen und tabellarisch wiedergegeben. In alphabetischer Reihenfolge der Autoren seien folgende Bücher erwähnt: GABRISCH & ZWART (1987); ISENBÜGEL & FRANK (1985); KÖHLER (1996).

Legenot

Legenot tritt besonders bei Wildfängen auf, die trächtig importiert wurden, leider aber auch gelegentlich bei Nachzuchttieren. Mehrere Faktoren können die Eiablage hemmen. Oftmals ist es nur Streß, der das trächtige Weibchen in diese bedrohliche Situation bringt. Schonende Einzelhaltung durch den umsichtigen Pfleger kann das Auftreten dieses Problems verhindern. Oftmals wird auch eine vermehrte Kalkausscheidung des Eileiters für das Auftreten einer Legenot verantwortlich gemacht. Die normalerweise glatte Eioberfläche ist dann sehr rauh ausgebildet. Als weitere Ursache wird auch ein Vitamin A- bzw. Vitamin E-Mangel gesehen, der die Gleitfähigkeit der Uterusschleimhaut herabsetzt und ein Herabwandern der Eier im Uterus unmöglich macht (ISENBÜGEL & FRANK 1985). Ganz allgemein fehlt den Agamenweibchen bei schlechter körperlicher Verfassung auch oft die Kraft für den Legevorgang. Der Tierarzt wird zunächst die Situation röntgenologisch absichern. Falls die Eier nicht so groß sind, daß sie nicht mehr durch den Eileiter bzw. die Kloake passen, injiziert er Kalzium. Führt diese Kalziumsubstitution nicht zum gewünschten Erfolg, so wird mit Oxytocin, einem Wehenhormon, nachbehandelt. Bleiben mehrmalige Verabreichungen ohne Erfolg, muß der Tierarzt das Problem operativ durch einen Kaiserschnitt beheben. In den meisten uns bekannten Fällen überlebte das Weibchen diese Operation. Es sollte danach jedoch nicht mehr trächtig werden, um eine weitere Operation auszuschließen.

Häutungsschwierigkeiten

Unvollständige Häutungen oder eine Stoffwechselstörung können zu Häutungsschwierigkeiten führen; nicht gehäutete Schwanzspitzen sterben ab. Der Pfleger muß dann eingreifen und die Hautreste vorsichtig „abrubbeln". Ist dies im Trockenzustand zu schwierig, sollte die Haut vorher in einem warmen Bad aufgeweicht werden. Bei krankhaften Prozessen der Haut ist es ratsam, eine Kombination der Vitamine A, D_3, E und C durch den Tierarzt injizieren zu lassen (ISENBÜGEL & FRANK 1985). Nach SCHUSTER/Roßdorf kann ein Vitamin C-Defizit ursächlich für Häutungsschwierigkeiten sein. SCHUSTER gewöhnte seine Bartagamen daran, gelegentlich Orangen- und Kiwistücke zu fressen. Dieser Fruchtcocktail reichte schon aus, um Häutungsschwierigkeiten zu vermeiden.

Hautprobleme des Kragens

In der Terrarienpraxis zeigt sich, daß der Kragen der Kragenechsen, eine einfache Hautduplikatur, insbesondere in beengten Terrarien „prädestiniert" für Verletzungen und Infektionen zu sein scheint. So sind die Kragenbildungen insbesondere bei Häutungsproblemen und nach Beißereien besonders „offen" und deshalb anfällig für Pilzinfektionen, die bei Nichtbehandlung zum Absterben ganzer Kragenpartien führen können. Einmal zerstörte Kragenteile wachsen nicht mehr nach und sind für immer verloren.

Zehen- und Schwanznekrosen

Das Absterben oder Eintrocknen von Schwanzspitzen und Zehen kann man häufig an Jungtieren beobachten. Betroffen sind gelegentlich jungen Bartagamen, bei Kragenechsen auch die Adulttiere. Ursache ist meist eine Verletzung, z.B. durch Einklemmen in der Terrarientür oder -scheibe. Es passiert auch, daß der Schwanz in einer schmalen Astgabel hängenbleibt oder durch Schwanzschlagen auf eine Kante verletzt wird. Die Prellung oder Quetschung führt zu einer Beschädigung von Blutgefäßen, was eine verminderte Durchblutung des betreffenden Schwanzabschnittes nach sich zieht. Die verminderte Sauerstoffversorgung bewirkt zusammen mit einer Anreicherung giftiger Stoffwechselprodukte die Nekrose, d. h. das Absterben des Gewebes (KÖHLER 1996).

Verbleibende Häutungsreste am Schwanz führen zu Abschnürungen und können ebenfalls das Absterben des Schwanzes nach sich ziehen. Nach jeder Häutung der Tiere sollte man kontrollieren, ob auch Schwanz und Zehen komplett gehäutet sind.

Krallenprobleme

Insbesondere bei Bartagamen fällt auf, daß sich die Krallen überproportional entwickeln, wenn der Bodengrund zu weich ist. Haben die Agamen keine Möglichkeiten ihre Krallen auf natürliche Weise abzuwetzen, werden sie zu lang und behindern das Tier in der Fortbewegung. Dies ist den Echsen sichtlich unangenehm, so daß der Pfleger eingreifen und die Krallen kürzen muß. Dabei ist unbedingt darauf zu achten, daß nur der nicht durchblutete Teil der Kralle geschnitten wird. Im übrigen sollte man das Substrat austauschen. Bewährt haben sich z.B. Sand oder feinkörniger Kies.

Genetisch bedingte Schädigungen

Die intensive Terrarienhaltung und -zucht von Bartagamen ließ genetisch bedingte Schäden zu einem bedeutenden Problem werden. ISENBÜGEL & FRANK (1985) beschreiben in ihrem Standardwerk genetisch bedingte Wachstumsstörungen. Aus einem Gelege eines *P. vitticeps*-Zuchtpaares entwickelten sich 70% der Jungtiere normal. Der Rest besaß einen seitlich aufgerollten Schwanz, der sich nicht in Normallage bringen ließ. Während des Wachstums konnte ansonsten nichts Außergewöhnliches festgestellt werden. Nach Erreichen der Geschlechtsreife pflanzten sich die Jungtiere der ersten Generation fort. Deren Nachzuchten wiesen wiederum zu 30 % „Rollschwänze" auf. Diese Generation mißgebildeter Bartagamen wies zusätzlich Rückgratveränderungen auf. Die Tiere verendeten frühzeitig an Atemnot, da die verformte Wirbelsäule Druck auf die inneren Organe ausübte. Um festzustellen, welcher Elternteil den genetischen Defekt trägt, hat man das Männchen mit einem gesunden Weibchen verpaart. Die Nachkommen dieser Paarung waren äußerlich normal. Die Verpaarung eines gesunden Männchens mit dem Stammweibchen ergab dagegen nach Informationen des Zweitautors (BOSCH) wieder Jungtiere, die zu einem Teil Rollschwänze aufwiesen. SCHUSTER/Roßdorf berichtete von einer *P. henrylawsoni* - Nachzucht, bei der die Jungtiere eines Geleges zum Teil Rollschwänze besaßen. Auch hier war das Weibchen Träger des genetischen Defekts.

Krebserkrankungen
Etwa ab dem 10. Lebensjahr treten - altersbedingt? - gelegentlich Tumorerkrankungen bei Kragenechsen und Bartagamen auf. Hierzu liegen noch keine genaueren Untersuchungen vor. Je nach Befallsgrad bleibt nach einiger Zeit meist nichts anderes übrig, als das Tier durch den Tierarzt einschläfern zu lassen.

6. Schutzbestimmungen und Mindestanforderungen

Alle australischen Tiere unterliegen strengem Ausfuhrverbot. Dennoch werden viele australische Reptilien seit Jahrzehnten in Deutschland gehalten und regelmäßig nachgezüchtet. Bis zum Juni 1997 galten die Bestimmungen des deutschen Artenschutzabkommens (BArtSchV), wonach auch australische Tiere mit Anmeldepflicht und Vermarktungsverbot sanktioniert waren. Bartagamen wurden in den neunziger Jahren so erfolgreich in Terrarien vermehrt, daß man sie seit dem 10. Juni 1994 offiziell aus der BArtSch-Verordnung ausgeklammert hatte und somit eine Registrierung entfiel. Die Begründung lautete, daß sie sich so gut züchten lassen, daß hier kein Bedarf an Wildfängen bestehen dürfte. Damit war auch das Risiko des Schmuggelns dieser Gattung als äußerst gering einzustufen.
Heute gilt eine neue Artenschutzverordnung der Europäischen Union, in Kraft getreten am 01. Juni 1997, die einheitlich für alle EU-Länder die Vermarktung und Ein- und Ausfuhr der betroffenen Tier- und Pflanzenarten regelt. Nähere Auskünfte über die Verordnung Nr. EG 338/97 und andere Bestimmungen zur Haltung von Reptilien erteilt das Bundesamt für Naturschutz, Konstantinstr. 110, 53179 Bonn.
Weder Bartagamen noch Kragenechsen sind von der neuen Verordnung betroffen. Nachzuchten können also problemlos von Züchtern oder Händlern erworben und ohne behördliche Registrierung gehalten werden.
Eine weitere „Bestimmung" liegt nun vor: Das Gutachten über Mindestanforderungen an die Haltung von Reptilien vom 10. Januar 1997. Es wurde erstellt im Auftrag des Bundesministeriums für Ernährung, Landwirtschaft und Forsten, Referat Tierschutz, Bonn.
Das Gutachten ist erhältlich bei der DGHT Geschäftsstelle, Postfach 1421, 53351 Rheinbach, gegen Zahlung von 3,- DM Portokosten. In diesem Gutachten werden Mindestanforderungen an die Haltung von Reptilien gestellt, die in allgemeinen Hinweisen und Tabellen Anhaltspunkte für eine artgemäße Haltung geben. Laut folgender Tabelle (9) beträgt die (Mindest)-Terrariengröße für ein erwachsenes Paar *P. vitticeps*, die eine durchschnittliche KRL von 25 cm aufweisen:
Länge: (5 x 25 cm) = 125 cm
Breite: (4 x 25 cm) = 100 cm
Höhe: (3 x 25 cm) = 75 cm.
Für jedes weitere vergesellschaftete Tier sollten 15 % der Grundfläche hinzukommen.
Kragenechsen wurden in diesem Gutachten nicht erwähnt. Die im vorliegenden Buch angegebenen Mindestgrößen und Empfehlungen der Autoren dürften den Ansprüchen der Gattung *Chlamydosaurus* genügen. Ihre gute Haltbarkeit und Vermehrung sprechen jedenfalls dafür.

Tabelle 9 – Fakten und Anforderungen des Sachverständigen-Gutachtens (Seite 18) für *Pogona.*

Name	Habitatanspruch	Gehegegröße für 1,1 (LxBxH) in KRL	Grundtemperatur ° C	Sonnenplatz ° C	Soz. Zusammensetz. Lebenserwartung	Bemerkung
Bartagamen	trocken/heiß	5 x 4 x 3	25 – 30 ° C	50 ° C	1, x(10)	Höhle, Äste, Aufbauten

7. Fachwortregister und Abkürzungen

Fachwörter, die hier nicht aufgeführt sind, wurden im Text bereits erklärt. Wer noch ausführlicher nachlesen möchte, dem wollen wir folgende Lektüre anpreisen: ULBER et al. (1989): Terraristisch/Herpetologisches Fachwörterbuch. - Herausgegeben von der Terrariengemeinschaft Berlin e. V., 176 Seiten.

Adaption: Anpassung (hier: ökologisch)
adult: geschlechtsreif
arid: trocken. Bei einem ariden Klima ist während des Jahres die Verdunstung größer als die Niederschlagsmenge.
Autotomie: Selbstverstümmelung bzw. die Fähigkeit, zum Selbstschutz Körperteile abzuwerfen (z.B. bei vielen Echsen der Schwanz)
Biotop: Lebensraum einer Tier- oder Pflanzenart
dorsal: auf dem Rücken befindlich
GL: (Abkürzung) Gesamtlänge - von der Schnauzenspitze bis zum Schwanzende eines Tieres
Habitat: das Vorkommen (Wohngebiet) einer Art
Hemipenis: männliches Geschlechtsorgan. Bei Schlangen- und Echsenmännchen sind zwei Hemipenes vorhanden, wovon bei der Paarung nur einer ausgestülpt wird.
humid: feucht, niederschlagsreich
inc. sed.: (Abkürzung) incerta sedis - unsichere Zuordnung (Systematik)
Infraordnung: organisatorischer Unterbau in einer Systematik
juvenil: jugendlich, noch nicht geschlechtsreif
KRL: (Abkürzung) Kopf-Rumpf-Länge - die Länge von der Schnauzenspitze bis zum Kloakenspalt.
lateral: seitlich
monotypisch: als einzige repräsentative Art oder Gattung in einer Systematik
morphologisch: gestaltlich, der Form nach
Nomenklatur: wissenschaftliche Vergabe von Namen
ovipar: eierlegend
semiadult: Übergang zur Geschlechtsreife
SL: (Abkürzung) Schwanzlänge - die Länge vom Kloakenspalt bis zur Schwanzspitze.
Taxonomie: Beschreibung, Benennung und Zuordnung in einem System
Thermoregulation: Steuerung der optimalen Körpertemperatur durch Abkühlen oder Aufwärmen.
Tympanum: Trommelfell
ventral: auf dem Bauch befindlich
vivipar: lebendgebärend

8. Anhang

Tabelle 10 – Liste der validen Agamen-Gattungen – Fortsetzung nächste Seite

Gattung	Erstbeschreiber	Artenzahl	Verbreitung
Acanthocercus	FITZINGER, 1843	8	Asien, Afrika, Europa
Acanthosaura	GRAY, 1831	4	Asien
Agama	DAUDIN, 1802	32	Afrika
Amphibolurus	WAGLER, 1830	3	Australien, Neuguinea
Aphaniotis	PETERS, 1864	3	Asien
Brachysaura	BLYTH, 1856	1	Asien
Bronchocela	KAUP, 1827	7	Asien
Bufoniceps	ARNOLD, 1992	1	Asien
Caimanops	STORR, 1974	1	Australien
Calotes	CUVIER, 1817	20	Asien
Ceratophora	GRAY, 1834	5	Asien
Chelosania	GRAY, 1845	1	Australien
Chlamydosaurus	GRAY, 1825	1	Australien, Neuguinea
Complicitus	MANTHEY, 1997	1	Asien
Cophotis	PETERS, 1861	1	Asien
Coryphophylax	FIZINGER, 1843	1	Asien
Cryptagama	WITTEN, 1984	1	Australien
Ctenophorus	FITZINGER, 1843	24	Australien
Dendragama	DORIA, 1988	1	Asien
Diporiphora	GRAY, 1842	15	Australien, Neuguinea
Draco	LINNAEUS, 1758	21	Asien
Gonocephalus	KAUP, 1825	17	Asien
Harpesaurus	BOULENGER, 1885	4	Asien
Hydrosaurus	KAUP, 1827	3	Asien
Hypsilurus	PETERS, 1867	13	Mikronesien, Melanesien, Neuguinea, Australien
Japalura	GRAY, 1853	24	Asien
Laudakia	GRAY, 1845	19	Asien
Leiolepis	CUVIER, 1829	7	Asien
Lophocalotes	GÜNTHER, 1872	1	Asien
Lophognathus	GRAY, 1842	4	Australien
Lyriocephalus	MERREM, 1820	1	Asien

Tabelle 10 – Liste der validen Agamen-Gattungen - Fortsetzung der Vorseite

Gattung	Erstbeschreiber	Artenzahl	Verbreitung
Mictopholis	SMITH, 1835	1	Asien
Moloch	GRAY, 1841	1	Australien
Oriocalotes	GÜNTHER, 1864	1	Asien
Otocryptis	WAGLER, 1830	2	Asien
Paracalotes	BOURRET, 1939	1	Asien
Phoxophrys	HUBRECHT, 1881	5	Asien
Phrynocephalus	KAUP, 1825	38	Europa, Asien
Physignathus	CUVIER, 1829	2	Asien, Australien
Pogona	STORR, 1982	8	Australien
Psammophilus	FITZINGER, 1843	2	Asien
Pseudocalotes	FITZINGER, 1843	6	Asien
Pseudocophotis	MANTHEY, 1997	1	Asien
Pseudotrapelus	FITZINGER, 1843	1	Afrika, Asien
Ptyctolaemus	PETERS, 1864	2	Asien
Salea	GRAY, 1845	4	Asien
Sitana	CUVIER, 1829	3	Asien
Thaumatorhynchus	PARKER, 1924	1	Asien
Trapelus	CUVIER, 1816	14	Europa, Afrika, Asien
Tympanocryptis	PETERS, 1863	9	Australien
Uromastyx	MERREM, 1820	10	Afrika, Asien
Xenagama	LOVERIDGE, 1942	2	Afrika

(nach MANTHEY & SCHUSTER (1999))

9. Literaturverzeichnis

und mit * gekennzeichnete, weiterführende Schriften, die zum Thema beitragen. Hinter jedem Zitat haben wir die Arten aufgeführt, die in dem Artikel bzw. Buch beschrieben werden.

BADHAM, J. A. (1976): The *Amphibolurus barbatus* species-group (Lacertilia: Agamaidae).- Aust. J. Zool., **24** : 423-43. *P. barbata, P. vitticeps, P. minor, P. minima, P. microlepidota, P. nullarbor.*

BECH, R. & U. KADEN (1990): Vermehrung von Terrarientieren. Echsen.- Urania Verlag, Leipzig; Jena; Berlin, 168 S. *P. barbata.*

BEDFORD, G. S., K. A. CHRISTIAN & A. D. GRIFFITHS (1993): Preliminary investigations on the reproduction of the Frillneck Lizard *Chlamydosaurus kingii* in the Northern Territory.- In: LUNNEY, D. & AYERS, D. (Hrsg.): Herpetology in Australia.- Transactions of the Royal Zoological Society of New South Wales, 414 S. *C. kingii.*

BÖHME, W. (1981): Handbuch der Reptilien und Amphibien Europas. Bd. 1. Echsen (SAURIA) I.- Akademische Verlagsgesellschaft, Wiesbaden, 520 S.

BRATTSTROM, B. H. (1971): Social and thermoregulatory behavior of the Bearded Dragon, *Amphibolurus barbatus*.- COPEIA, **1971**: 484-497. *P. barbata.*

BROWNE-COOPER, R. (1984): Notes on the reproduction of the Bearded Dragon *Pogona minor*.- Herpetofauna, Sydney, **15** (1-2): 49. *P. minor.*

BURTON, M. & R. BURTON(1968): Encyclopedia of the Animal Kingdom.- BPC Publishing Ltd., London, 476 S. *C. kingii.*

BUSH, B. (1981): Reptiles of the Kalgoorlie-Esperance region.- Published by the author, Esperance, 48 S. *P. minor.*

– (1992): Some records of reproduction in captive lizards and snakes.- Herpetofauna, Sydney, **22** (1): 26-31. *P. minor.*

BUSH, B., B. MARYAN, R. BROWNE-COOPER & D. ROBINSON (1995): Guide to the Reptiles and Frogs of the Perth Region.- University of Western Australia Press, Nedlands, Australia, 211 S. *P. minor.*

BUSTARD, H. R. (1966): Notes on the eggs of *Amphibolurus barbatus vitticeps*.- Brit. J. Herp., London, **3**: 252-259. *P. vitticeps.*

– *(1970): Australian Lizards.- William Collins Pty. Ltd. Sydney, New South Wales, 162 S. *P. barbata, C. kingii.*

CARPENTER, C. C. & J. A. BADHAM (1970): Behavior patterns of three species of *Amphibolurus* (Agamidae).- COPEIA, 497-505. *P. barbata.*

CHRISTIAN, K. A., A. D. GRIFFITHS & G. S. BEDFORD (1996): Physiological ecology of frillneck lizards in a seasonal tropical enviroment.- Oecologia, **106** (1): 49-56. *C. kingii.*

COGGER, H. G. (1979): Reptiles and amphibians of Australia.- Reed Books Pty. Ltd., Chatswood, New South Wales; 608 S. *C. kingii, P. barbata, P. microlepidota, P. minima, P. minor, P. mitchelli, P. nullarbor, P. vitticeps.*

– (1986): Reptiles and amphibians of Australia.- Reed Books Pty. Ltd., Chatswood, New South Wales; 688 S. *C. kingii, P. barbata, P. microlepidota, P. minima, P. minor, P. mitchelli, P. nullarbor, P. vitticeps*

– (1992): Reptiles and amphibians of Australia.- Reed Books Pty. Ltd., Chatswood, New South Wales; 775 S. *C. kingii, P. barbata, P. microlepidota, P. minima, P. minor, P. mitchelli, P. nullarbor, P. vitticeps.*

DALE, F. D. (1973): Fourty Queensland Lizards.- Queensland Museum Publ., 64 S. *C. kingii. P. barbata.*

DAVEY, K. (1970): Australian lizards.- Landsdown Press Pty. Ltd. Melbourne, 111 S. *C. kingii, P. barbata.*

* DAVIDGE, C. (1979): A census of a community of small terrestrial vertebrates.- Australian Journal of Ecology, **4** (2): 165-170. *P. minor*

– (1980): Reproduction in the herpetofaunal community of a *Banksia* woodland near Perth, W. A..- Aust. J. Zool., **28**: 435-43. *P. minor.*

DELL, J. & A. CHAPMAN (1981): Reptiles and Frogs of East Yuna and Bindoo Hill Nature Reserves.- Rec. West. Aust. Mus. Suppl. (**13**): 95-105. *P. minor.*

DE VOSJOLI, P. (1996): Step by step vivarium design: a naturalistic vivarium for small Bearded Dragons.- The VIVARIUM, Escondido, **7** (6): 36-37. *P. barbata, P. vitticeps, P. henrylawsoni.*

DE VOSJOLI, P. & R. MAILLOUX (1993): The general care and maintenance of Bearded Dragons.- Advanced Vivarium Systems, Inc., Lakeside, 64 S. *P. barbata, P. henrylawsoni, P. microlepidota, P. minima, P. minor, P. mitchelli, P. nullarbor, P. vitticeps.*

– (1996a): Species and Morphs of Bearded Dragons Pogona in U. S. Herpetoculture.- The VIVARIUM, Escondido, **7** (6): 28-35. *P. barbata, P. vitticeps, P. henrylawsoni.*

– (1996b): A simple system for raising juvenile Bearded Dragons (*Pogona*) indoors.- The VIVARIUM, Escondido, **7** (6): 42-44. *P. vitticeps.*

EHMANN, H. (1992): Enceclopedia of Australian Animals. Reptiles.- Angus & Robertson, Pymble/ New South Wales, 495 S. *C. kingii, P. barbata, P. mitchelli, P. nullarbor, P. microlepidota, P. minor, P. minima, P. vitticeps, P. henrylawsoni* .

ESTES, R. & E. .E. WILLIAMS (1984): Ontogenetic variation in the molarifiorm teeth of lizards.- J. Vert. Paleon. **4** (1): 96-107.

FELLMANN, F. (1991): Note de Terrariophilie: *Amphibolurus barbatus vitticeps* (Agama burbu d' Australie).- Bull. Soc. Herp. Fr. (1991) **58**: 51. *P. barbata.*

FITZGERALD, M. (1983): A note on water collection by the Bearded Dragon *Amphibolurus vitticeps*.- Herpetofauna, Sydney, **2** (14): 93. *P. vitticeps.*

*FOGEL, D. (1993): The Inland Bearded Dragon (*Pogona vitticeps*).- Vivarium, Lakeside, CA, 4 (5): 15-17. *P. vitticeps, P. barbata.*

GABRISCH, K. & P. ZWART (1987): Krankheiten der Heimtiere. - Schlütersche Verlagsanstalt, Hannover, 2. Aufl.: 412 S.

GASSNER, P. & A. HAUSCHILD (1997): Kosmopoliten, aber keine „Allerweltstiere“: Skinke der Gattung *Eumeces* WIEGMANN, 1834. - Reptilia, Münster **2** (2): 43-48.

GERLACH, R. (1960): Salamandrische Welt.- Claassen Verlag GmbH, Hamburg, 264 S. *C. kingii, P. barbata.*

GREEN, H. W., G. M. BURGHARD, B. A. DUGAN & A. S. RAND (1978): Predation and the defensive behavior of green iguanas (Reptilia, Lacertilia, Iguanidae).- J. Herpetol., **12**: 169-176.

GREER, A. E. (1989): The Biology and Evolution of Australian Lizards.- Surrey Beatty & Sons Pty. Ltd., Chipping Norton, New South Wales, 264 S. *C. kingii, P. barbata, P. henrylawsoni, P. microlepidota, P. minima, P. minor, P. mitchelli, P. nullarbor, P. vitticeps.*

GRIFFITHS, A. D. & K. A. CHRISTIAN (1996a): Diet and habitat use of frillneck lizards in a seasonal tropical enviroment.- Oecologia, **106** (1): 39-48. *C. kingii.*

– (1996b): The effects of fire on the frillneck lizard (*Chlamydosaurus kingii*) in northern Australia.- Aust. J. of Ecology, **21**: 386-398. *C. kingii.*

*GRIFFITHS, K. (1984): Reptiles and Frogs of Australia.- View Productions Pty. Ltd., Sydney, New South Wales, 96 S.

– (1987): Reptiles of the Sydney Region.- Three Sisters Productions Pty. Ltd., Winmalee, 120 S. *P. barbata.*

HARCOURT, N. (1986): A review of the Frilled Lizard *Chlamydosaurus kingii* in captivity.- Thylacinus, **11** (3): 100-104. *C. kingii.*

HARDY, C. J. & C. M. HARDY (1977): Tail regeneration and other observations of an agamid lizard.- Aust. J. Zool., **19** (2): 141-148. *Physignathus lesueurii.*

HAUSCHILD, A. & P. GASSNER (1994): Zur Kenntnis von *Egernia kingii*: Morphologie, Ökologie, Terrarienhaltung und Zucht der Inselform von den Houtman Abrolhos/ Westaustralien.- SALAMANDRA, **30** (3): 185-196. *P. minima.*

– (1995): Skinke im Terrarium.- Landbuch-Verlag, Hannover, 197 S.

*HEATWOLE, H. F. & J. TAYLOR (1987): Ecology of Reptiles.- Surrey Beatty & Sons, Sydney. Chipping Norton, 325 S.

HENDERSON, I, (1992): The Bearded dragon, *Pogona sp.*, and it´s maintenance and breeding in captivity.- Herptile, **17** (1): 39-46. *P. vitticeps.*

HENLE, K. (1993): Issues in Australian Herpetology: A view from abroad.- In: LUNNEY, D. & D. AYERS (Hrsg.): Herpetology in Australia.- Transactions of the Royal Zoological Society of New South Wales, 414 S.

– (1995): A brief review of the origin and use of '*stellio*' in herpetology and a comment on the nomenclature and taxonomy of agamids of the genus *Agama* (sensu lato) (Squamata: Sauria: Agamidae).- HERPETOZOA, **8** (1/2): 3-9.

HENKEL, F.-W. (1980): Zwei Terrarianer reisen nach Australien.- DATZ **33**: 422-426. *P. barbata, C. kingii.*

HIELSCHER, M. (1989): Haltung und Nachzucht der australischen Zwergbartagame *Pogona minima*.- elaphe, Schönow, **11** (2): 20-24. *P. minima.*

HOSER, R. T. (1989): Australian reptiles and frogs.- Pierson & Co., Sydney, 238 S. *C. kingii, P. barbata, P. mitchelli, P. vitticeps.*

– (1996): Reptiles encountered collecting in the Pilbara-Australia.- Reptilian, **4** (2): 25-35. *P. henrylawsoni, P. mitchelli.*

HOUSTON, T. F. (1977): Dragon Lizards & Goannas of South Australia.- South Australian Museum Publ., 84 S. *P. barbata, P. minor, P. nullarbor, P. vitticeps.*

HUEY, R. B. & E. R. PIANKA (1981): Ecological consequences of foraging mode.- Ecology, Chicago, **62**: 991-999.

IRWIN, S. & T. IRWIN, (1995): Notes on early develepement in a hatchling - assisted Frilled Lizard (*Chlamydosaurus kingii*).- Herpetofauna, Sydney, **25** (2): 60-61. *C. kingii.*

ISENBUGEL, E. & W. FRANK 1985): Heimtierkrankheiten.- Ulmer Verlag, Stuttgart: 402 S.

JAROFKE, D. & J. LANGE (1993): Tierärztliche Heimtierpraxis 3, Reptilien, Krankheiten und Haltung.- Verlag Paul Parey, Berlin, Hamburg: 188 S.

JENKINS, R. & R. BARTELL (1980): A field guide to reptiles of the Australian High Country.- Inkata Press Pty. Ltd. Melbourne, 278 S. *P. barbata,*

JES, H. (1987): Echsen als Terrarientiere.- Gräfe und Unzer, München, 72 S. *P. barbata.*

*JOHN, W. (1968): Zwei Australier: *Amphibolurus barbatus* und *Egernia cunninghami*.- Aqua. Terra., **21**: 185-186. *P. barbata.*

JOHNSTON, G. R. (1979): The eggs, incubation, and young of the Bearded Dragon *Amphibolurus vitticeps* Ahl 1926.- Herpetofauna, Sydney, **11** (1): 5-8. *P. vitticeps.*

KARBE, B., D. KARBE & M. NIEHAUS-OSTERLOH (1991): Bunte Terrarienwelt. Die beliebtesten Amphibien und Reptilien.- Tetra-Verlag, Melle, 160 S. *P. barbata.*

KÄSTLE, W. (1973): Vollbart mit Hebelmechanik. Verhalten und Pflege der Bartagame.- Aquarienmagazin **7** (2): 58-61. *P. barbata,*

KENNERSON, K. J. & G. J. COCHRANE (1981): Avid appetit for dandelion blossoms *Taraxacum officinale* by a Western Bearded Dragon *Amphibolurus vitticeps* AHL.- Herpetofauna, Sydney, **12** (2): 34-35. *P. vitticeps.*

KINGHORN, J. R. (1931): Herpetological notes. No.2.- Rec. Aust. Mus., **18** (3): 85-91. *P. barbata.*

KLINGELHÖFFER, W. (1957): Terrarienkunde III: Echsen.- Kernen Verlag, Stuttgart, 264 S. *C. kingii, P. barbata*

KÖHLER, G. (1996): Krankheiten der Amphibien und Reptilien.- DATZ Bücherei, Ulmer Verlag, Stuttgart: 160 S.

– (1997): Inkubation von Reptilieneiern. - Herpeton-Verlag, Offenbach, 205 S.

*LEE, A. K. & J. A. BADHAM (1963): Body temperature, activity, and behavior of the agamid lizard, *Amphibolurus barbatus*.- COPEIA, **1963**: 387-394. *P. barbata.*

LÖFFLER, E. & R. GROTZ (1995): Wissenschaftliche Länderkunden; Bd. 40: Australien.- Wissenschaftliche Buchgesellschaft, Darmstadt, 422 S.

LOVERIDGE, A. (1934): Australian Reptiles in the Museum of Comparative Zoology, Cambridge, Massachusetts.- Bull. Mus. Comp. Zool. Harv., **77**: 243-383.

MANTHEY, U. & N. SCHUSTER (1999): Agamen.- Natur und Tier - Verlag, Münster, 120 S. *P. barbata, P. henrylawsoni, P. microlepidota, P. minima, P. minor, P. mitchelli, P. nullarbor, P. vitticeps.*

MOODY, S. M. (1980): Phylogenetic and historical biogeographical relationship of the genera in the family Agamidae (Reptilia, Lacertilia).- Ph. D. Thesis, Univ. of Michigan, 373 S.

NEUGEBAUER, W. (1972): Geglückte Aufzucht von Bartagamen.- Aquar. u. Terrarien Zeitschrift, **25** (12): 424-426. *P. barbata.*

*NIETZKE, G. (1972): Die Terrarientiere, Bd.II.- Eugen Ulmer Verlag, Stuttgart, 300 S. *P. barbata.*

*PETERS, U. (1972): Agamen im mittleren Neusüdwales.- DATZ, **25** (9): 320-321. *P. barbata.*

– (1986): Wir stellen vor: Agamen aus Australien.- Das Aquarium, **9** (207): 489-495. *C. kingii, P. barbata,*

*PETHER, J. (1996): Bartagamen.- Reptilia, Münster, 1 (1): 14-16. *P. vitticeps, P. barbata, P. henrylawsoni, P. minima.*

PETZOLD, H.-G. (1982): Aufgaben und Probleme bei der Erforschung der Lebensäußerungen der Niederen Amnioten (Reptilien).- BINA Verlag für Biologie und Natur, Berlin, 313 S. *P. barbata.*

PFLUGMACHER, S. (1984): Haltung und Zucht der Australischen Bartagame.- SAURIA, Berlin, **6** (3): 9-11. *P. vitticeps.*

PICKWORTH, B. (1981): Observation of behaviour patterns displayed by a pair of Bearded Dragons, *Amphibolurus barbatus* CUVIER.- Herpetofauna, Sydney, **12** (2): 13-15. *P. barbata.*

*PORTER, R. (1991): Unusual basking behavior in captive bearded dragons (*Pogona barbata*).- Herpetofauna, Sydney, **21** (2): 31. *P. barbata.*

RANKIN, P. (1977): Burrow plugging in the Netted Dragon *Amphibolurus nuchalis* with reports on the occurence in three other Australian Agamids.- Herpetofauna, Sydney, **9** (1): 18-23. *P. barbata.*

REISINGER, M. (1992): *Chlamydosaurus kingii* GRAY 1825, Haltung und Nachzucht der Australischen Kragenechse.- SAURIA, Berlin, **14** (1): 21-23. *C. kingii.*

– (1995): Erfahrungen bei der Haltung und Vermehrung der Kragenechse *Chlamydosaurus kingi*.- elaphe, Rheinbach, **1995** (3): 16-20. *C. kingii.*

RYBAK, M. (1996): Vittikins Dragons.- The VIVARIUM, Escondido, **7** (6): 26. *P. henrylawsoni, P. vitticeps.*

SCHAFER, S. (1979): Beards and Blue-Tongues.- Zoonooz, **52** (4): 14. *P. barbata.*

SCHMIDA, G. E. (1968): Erlebnisse mit Bartagamen.- DATZ, **21** (7): 27-30. *P. barbata.*

SCHRIRE, C. (1982): The Alligator Rivers Region: prehistory and ecology in Western Arnhem Land.- *Terra Australis* **7**, 1-277. *C. kingii.*

SHEA, G. (1995): The holotype and additional records of *Pogona henrylawsoni* WELLS & WELLINGTON, 1985.- Memoirs of the Queensland Museum **38** (2): 574. *P. henrylawsoni.*

SHINE, R. (1990): Function and evolution of the frill of the frillneck lizard, *Chlamydosaurus kingii* (Sauria: Agamidae).- Biol. J. Linn. Soc. **40**: 11-20. *C. kingii.*

– (1991): Australian Snakes. - Reed Books, Chatswood, NSW, 223 S.

SHINE, R. & R. LAMBECK (1989): Ecology of frillneck lizards, *Chlamydosaurus kingii* (Agamidae), in tropical Australia.- Aust. Wildl. Res. **16**: 491-500. *C. kingii*

*SIMPSON, K. N. G. (1973): Amphibians, reptiles and mammals of the Murray River Region between Mildura and Renmark, Australia.- Memoirs of the National Museum of Victoria, **34**: 275-279. *P. barbata.*

SMITH, L. A. (1976): The Reptiles of Barrow Island.- West. Aust. Nat., Perth, **13**: (6): 125-136. *P. minor.*

SMITH, J. & T. D. SCHWANER (1981): Notes on reproduction by captive *Amphibolurus nullarbor* (Sauria: Agamidae).- Trans. R. Soc. South Australia, **105**: 215-216. *P. nullarbor.*

*SNYDER, R. C. (1962): Adaptions for bipedal locomotion of lizards.- American Zoologist, **2**: 191-203. *Ctenophorus cristatus.*

SPRACKLAND, R. G. (1993): Giant Lizards.- T. F. H. Publ., Inc., Neptune City, N. Y., 288 S. *C. kingii, P. vitticeps.*

SPRENKELS, A. J. H. (1990): *Amphibolurus barbatus/ Pogona vitticeps* (WAGLER 1830) (Australische Baardagame).- XENOPUS, Lacerta Werkgroep Midden- en West-Brabant, **4** (24): 111-116. *P. vitticeps.*

STETTLER, P. H. (1981): Handbuch der Terrarienkunde.- Franckh´sche Verlagshandlung, Stuttgart, 228 S. *P. barbata.*

STORR, G. M. (1965): The Physiography, Vegetation and Vertebrate Fauna of the Wallabi Group, Houtman Abrolhos.- J. Roy.Soc.West.Aust., **48**: 1-14. *P. minima.*

– (1982): Revision of the Bearded Dragons (Lacertilia: Agamidae) of Western Australia with notes on the Dismemberment of the genus *Amphibolurus*.- Rec. West. Aust. Mus., **10** (2): 199-214. *P. microlepidota, P. mitchelli, P. minor, P. minima, P. nullarbor.*

STORR, G. M., L. A. SMITH & R. E. JOHNSTONE (1983): Lizards of Western Australia. II. Dragons and monitors.- University Western Australia Press, Nedlands, Western Australia, 113 S. *P. microlepidota, P. minor, P. nullarbor, C. kingii.*

STÖSSL, T. (1993): *Pogona barbata* (CUVIER).- SAURIA, Suppl., Berlin, **15** (1-4): 257-260. *P. barbata.*

SWAN, G. (1990): A fieldguide to the snakes and lizards of New South Wales.- Three Sisters Prod. Pty. Ltd., Winmalee/NSW, 224 S. *P. barbata, P. vitticeps.*

– *(1995): A photographic guide to snakes & other reptiles of Australia.- New Holland Ltd., London et al., 144 S. *P. barbata, P. vitticeps, P. minor, C. kingii.*

SWANSON, S. (1976): Lizards of Australia.- Angus and Robertson Publishers. London, 160 S. *P. minima, P. vitticeps, C. kingii.*

SWITAK, K. H. (1996): Reptilien im Kakadu - Nationalpark.- DATZ, **49** (8): 524-530. *C. kingii.*

THROCKMORTON, G. S., J. DE BAVAY, W. CHAFFEY, B. MERROTSKY, S. NOSKE & R. NOSKE (1985): The mechanism of frill erection in the bearded dragon *Amphibolurus barbatus* with comments on the jacky lizard *A. muricatus* (Agamidae).- Journal of Morphology **183**: 285-292. *P. barbata.*

ULBER, T., W. GROSSMANN, J. BEUTELSCHIESS & C. BEUTELSCHIESS : Terraristisch/ Herpetologisches Fachwörterbuch.- Hrsg. von der Terrararienge-meinschaft e. V., Berlin, 176 S.

VAN STEIJN, N. P. (1989): De verzorging en kweek van de Australische baardagame (*Pogona vitticeps*).- LACERTA, Leiden, **47** (5): 140-146. *P. vitticeps.*

VALENTIC, R. A. (1995): Further instances of nocturnal activity in agamids and varanids.- Herpetofauna, Sydney, **25** (1): 49-50.- *P. vitticeps.*

WEIS, P. R. (1996): Husbandary and breeding of the Frilled Lizard (*Chlamydosaurus kingii*).- Pp. 87-92. In: P. D. STRIMPLE (ed.), Advances in herpetoculture. Special publications of the Herpetological Symposium, Inc. Number 1. Crown Craft Printing, Des Moines, 167 S. *C. kingii.*

WELLS, R. W. & C. R. WELLINGTON (1983): A synopsis of the Class Reptilia in Australia.- Aust. J. Herp.Suppl., **1** (3-4): 73-129. *P. barbata, P. microlepidota, P. minima, P. minor, P. mitchelli, P. nullarbor, P. vitticeps.*

– (1985): A classification of the Amphibia and Reptilia of Australia.- Aust. J. Herp. Suppl. , **1**: 1-61. *P. barbata, P. henrylawsoni, P. microlepidota, P. minima, P. minor, P. mitchelli, P. nullarbor, P. vitticeps.*

WERMUTH, H. (1959): Die Kragenechse, *Chlamydosaurus kingii* GRAY.- Aquarien und Terrarien, Leipzig, **6** (4): 108. *C. kingii.*

WERNING, H. (1995): Wasseragamen. - Herpetologischer Fachverlag, Münster, 96 S.

WILSON, S. K. & D. G. KNOWLES (1988): Australia's Reptiles.- William Collins Pty. Ltd. Sydney/ New South Wales, 477 S. *C. kingii, P. barbata, P. microlepidota, P. minor, P. nullarbor, P. vitticeps.*

*WITTEN, G. J. (1985): Relative growth in Australian agamid lizards: adaptation and evolution.- Aust. J. Zool. **33**: 349-362. *P. barbata, P. vitticeps, C. kingii.*

– (1994a): Taxonomy of Pogona (Reptilia: Lacertilia: Agamidae).- Memoirs of the Queensland Museum **37** (1): 329-343. *P. barbata, P. brevis, P. microlepidota, P. minor, P. minima, P. nullarbor, P. vitticeps.*

– (1994b): Relative growth in *Pogona* (Reptilia: Lacertilia: Agamidae).- Memoirs of the Queensland Museum, **37** (1): 345-356. *P. henrylawsoni, P. minor, P. minima, P. vitticeps.*

WITTEN, G. J. & A. J. COVENTRY (1990): Small *Pogona vitticeps* (Reptilia: Agamidae) from the Big Desert, Victoria, with notes on other *Pogona* populations.- Proceedings of the Royal Society of Victoria, **102**: 117-120. *P. barbata, P. vitticeps*

*WORRELL, E. (1963): Reptiles of Australia.- Angus and Robertson, Sydney, 207 S.

ZIMMERMANN, E. (1980): Durch Nachzucht erhalten: Bartagamen.- Aquarien Magazin, **14**: 86-94. *P. vitticeps*

– (1983): Das Züchten von Terrarientieren: Pflege, Verhalten, Fortpflanzung.- Frankh'sche Verlagsbuchhandlung, Stuttgart, 238 S. *P. vitticeps.*

*ZIMMERMANN, H. (1974): Letzte Rettung: der Kaiserschnitt. Zeitigung und Geburt der Bartagamen - *Amphibolurus barbatus*.- Aquarien Magazin, **8**: 451-454. *P. vitticeps.*

ZWINENBERG, A. J. (1977a): Die Bartagame (*Amphibolurus barbatus*).- Aquaria **24** (9): 157-164. *P. barbata.*

– (1977b): The Bearded Dragon.- Bulletin Chicago Herpetological Society, **12** (4): 93-98. *P. barbata.*